全国高等院校计算机类十三五规划教材

计算机基础项目化教程

主　编　沈　兰　赵志俊

副主编　刘红敏　叶开珍　卞丽情　郝淑新

U0303991

北京邮电大学出版社
www.buptpress.com

内 容 简 介

本书是一本讲述计算机文化基础的通用教材,主要内容包括计算机基础知识、Windows 7 操作系统使用以及 Word 2010 文字处理、Excel 2010 电子表格和 PowerPoint 2010 演示文稿制作等常用办公软件的应用,同时还介绍了计算机多媒体、计算机网络和一些实用工具软件的应用。

本书内容全面、新颖、详细,图文并茂,易学易用。

本书可作为高等院校计算机文化基础课程的教材,也可作为全国计算机等级考试的参考用书和其他各类计算机文化基础教学的培训教材与自学参考书。

图书在版编目(CIP)数据

计算机基础项目化教程 / 沈兰,赵志俊主编. -- 北京:北京邮电大学出版社,2016.7 (2018.12 重印)
ISBN 978-7-5635-4789-0

Ⅰ. ①计…　Ⅱ. ①沈… ②赵…　Ⅲ. ①电子计算机-高等学校-教材　Ⅳ. ①TP3

中国版本图书馆 CIP 数据核字(2016)第 129853 号

书　　　名:计算机基础项目化教程
著作责任者:沈　兰　赵志俊　主编
责 任 编 辑:满志文　郭子元
出 版 发 行:北京邮电大学出版社
社　　　址:北京市海淀区西土城路 10 号（邮编:100876）
发 行 部:电话:010-62282185　传真:010-62283578
E-mail: publish@bupt.edu.cn
经　　　销:各地新华书店
印　　　刷:保定市中画美凯印刷有限公司
开　　　本:787 mm×1 092 mm　1/16
印　　　张:13.5
字　　　数:334 千字
版　　　次:2016 年 7 月第 1 版　2018 年 12 月第 4 次印刷

ISBN 978-7-5635-4789-0　　　　　　　　　　　　　　　　　　　　定　价:36.00 元

· 如有印装质量问题,请与北京邮电大学出版社发行部联系 ·

前　　言

在当今社会,计算机已广泛应用于人们的生活、工作和学习中,计算机基础教育已成为高校素质教育不可缺少的重要组成部分;具备基本的计算机知识和实际应用能力已成为对大学生的基本要求。编者在结合多年教学经验的基础上,以加强基础教育,提高学生理论和实操能力为原则编写了这本书。

本书以项目为基准,分 7 个模块讲解。主要内容如下:

模块 1　Windows 7 基本操作。主要介绍了 Windows 7 操作系统的桌面、窗口、对话框、资源管理器、文件和文件夹的管理、Windows 7 的常用工具等内容。

模块 2　Word 2010 基本操作。主要介绍了 Word 2010 的启动和退出、Word 2010 的视图方式、Word 2010 文档基本操作、表格的制作、图形处理、公式编辑器、目录和邮件合并等内容。

模块 3　Excel 2010 基本操作。主要介绍了 Excel 2010 的数据输入、工作表的格式化、公式和函数、数据管理、图表操作等内容。

模块 4　PowerPoint2010 基本操作。主要介绍了 PowerPoint 2010 幻灯片的制作、幻灯片的设置、幻灯片的放映等内容。

模块 5　计算机基础知识。主要介绍了计算机发展过程、计算机信息的表示形式、计算机系统的组成等内容。

模块 6　计算机网络基础。主要介绍了计算机网络的基本组成、网络的拓扑结构和网络的分类、Internet 的基础、Internet 的基本应用功能以及病毒的有关知识等内容。

模块 7　多媒体技术。主要介绍了多媒体的概念、多媒体的元素以及常用的多媒体软件的应用等内容。

本书由广州大学松田学院计算机科学与技术系为主编单位,在编写过程中得到了学院领导、教务处及计算机科学与技术系领导与同行的大力支持,在此表示感谢。

本书由沈兰、赵志俊担任主编,由刘红敏、叶开珍、卞丽情、郝淑新担任副主编,参加本书编写的作者是多年从事一线教学工作的教师,具有较丰富的教学经验。本书以理论为基准,以实践为目的,提高学生使用计算机处理问题的综合能力。具体编写分工如下:刘红敏负责模块 1 编写,沈兰负责模块 2 编写,叶开珍负责模块 3 编写,卞丽情负责模块 4 编写,赵志俊负责模块 5 编写,郝淑新负责模块 6～7 编写。

由于编者水平所限,书中如有不足之处,敬请使用本书的师生与读者批评指正,以便修订时改进。如读者在使用本书的过程中有其他意见或建议,恳请向编者提出宝贵意见。

编　者

目　　录

模块 1　Windows 7 基本操作

Windows 7 基本操作主要包括桌面个性化、任务栏个性化、文件扩展名的显示或隐藏，文件打开、复制、移动、删除、还原、搜索以及快捷方式的创建等。

项目 1　计算机个性化

计算机个性化包括自定义桌面背景、自定义任务栏、添加和删除任务栏程序图标、自定义通知区域、显示或隐藏系统图标。

知识要点

1. 桌面组成

Windows 7 桌面是用户开始使用计算机的起点，启动计算机后，显示 Windows 7 桌面。桌面主要由桌面背景、桌面图标、"开始"菜单、任务栏和显示桌面按钮等组成，如图 1-1 所示。

图 1-1　"桌面"组成

2. 主题

Windows 7 主题包括桌面背景、窗口颜色、声音和屏幕保护程序等设置内容，系统预装有多种主题，常用的主题有 Windows 7、建筑、人物、风景、自然等，用户可以直接使用这些主题，也可以自定义主题。

3. 任务栏

任务栏是显示在桌面底部的水平长条区，由程序区、通知区域和显示桌面组成，如图 1-2 所示。

图 1-2　任务栏

① 程序区。存放一些经常运行的程序和已运行的程序。

② 通知区域。包括一组正在运行程序的图标和系统图标。

③ 显示桌面。单击显示"桌面按钮",显示桌面。

任务 1　桌面背景

设置桌面背景图片自切换,显示方式为拉伸;自切换的时间为 20 分钟,无序播放;图片存放在"桌面背景"文件夹中,并以"我的最爱"为主题名,保存设置。

操作步骤:

(1) 个性化设置。在桌面空白处右击,选择快捷菜单"个性化"。弹出"个性化"窗口,如图 1-3 所示。

图 1-3　"个性化"窗口

(2) 设置背景图片。单击"桌面背景"链接,弹出"桌面背景"窗口,指定图片位置"背景图片"文件夹,在窗口的图片预览框中,显示该文件夹中所有图片,单击"全选"按钮(选中图片左上角出现一个选中的复选框,如果只需选中部分图片,可单击该复选框,取消图片选中);选择图片显示方式为"拉伸";更改图片自切换的时间为"20 分钟",选中"无序播放"复选框,如图 1-4 所示,单击"保存修改"按钮。

(3) 保存主题。设置后,系统自动以"未保存的主题"显示在"个性化"窗口中,如图 1-5 所示,单击"保存主题"链接,弹出"将主题另存为"对话框,输入"我的最爱"新主题名,保存主题。

提示:

Windows 7 提供了 5 种显示方式,分别是"填充"、"适应"、"拉伸"、"平铺"和"居中"。"填充"是指根据图片的高度充满整个屏幕;"适应"是指根据图片的宽度充满整个屏幕;"拉伸"是指拉伸图片以充满整个屏幕;"平铺"是指以图片的原大小铺满整个屏幕;"居中"是指以图片的原大小显示在屏幕中间。

图 1-4　设置自切换桌面背景

图 1-5　"主题"窗口

任务2　任务栏图标

（1）任务栏程序图标的添加和删除。

（2）查看任务栏程序或资源管理器的历史记录。

图1-6　查看历记录

操作步骤：

（1）程序图标添加和删除。

① 程序图标添加。在"桌面"或"开始"菜单中，选择需要添加的程序，右击，选择快捷菜单"锁定到任务栏"，该程序图标添加到任务栏中。

② 程序图标删除。在"程序区"中，选择需要移出的程序，右击，选择快捷菜单"将此程序从任务栏解锁"，该程序从任务栏中删除。

（2）查看历史记录。

在任务栏中选择需要查看历史记录的程序，右击，弹出该程序最近打开过文件的历史记录。

选择任务栏中"资源管理器"，右击，弹出"资源管理器"最近打开过文件夹的历史记录。

历史记录作用：通过历史记录表，可以很方便地打开之前打开过的程序或文件夹，单击记录右侧"锁定到此列表"，添加到列表"已固定"区，如图1-6所示。

任务3　通知区图标

"通知区域"程序图标显示或隐藏，系统图标打开或关闭。

操作步骤：

（1）图标显示或隐藏。在"通知区域"中，单击向上的三角形按钮，在列表框中选择"自定义…"，弹出"通知区域图标"窗口，取消选中"始终在任务栏上显示所有图标和通知"，可设置每个图标的行为，行为的状态有三种，单击列表框向下按钮，选择一种行为，如图1-7所示。

图1-7　"通知区域图标"窗口

三种状态分别为：

① 显示图标和通知：图标处于可见状态。

② 隐藏图标和通知：图标被隐藏在向上的三角按钮中。

③ 仅显示通知:图标隐藏在向上的三角按钮中,但显示其有关更新和通知消息。

(2)系统图标打开或关闭。在"通知区域图标"窗口中,单击"打开或关闭系统图标"链接,窗口切换为"系统图标"窗口,设置系统图标行为为"打开"或"关闭",如图1-8所示。

图1-8 "系统图标"窗口

项目2 文件管理

在计算机系统中,各种程序和数据都是以文件的形式储存在文件夹中的,通过资源管理器可以有效管理文件和文件夹。文件管理主要有显示文件扩展名,更改文件属性,文件选择及文件操作。

知识要点

1. 文件的概念

文件是指按一定格式存储在计算机存储介质中的一组相关信息的集合。在计算机中,任何程序和数据都是以文件形式存储在存储介质中,是计算机用来存储和管理信息的基本单位。

文件存放在文件夹中,文件夹是组织文件的一种工具,可以把同一类型的文件保存在一个文件夹中,也可以根据用途将不同的文件保存在一个文件夹中。

2. 文件命名规则

在计算机中,每个文件和文件夹都有一个名称,系统正是通过名称对文件和文件夹进行管理的。

文件或文件夹的命名应尽量与其内容相一致,做到"望文生义",在 Windows 7 中,文件和文件夹的命名规则如下:

(1)文件名或者文件夹名中,最多可以有 255 个字符,即支持长文件名。

(2)文件名或者文件夹名可以由汉字、字母、数字和部分特殊符号构成,但不能包括下面9个符号:

/ \ : | * ? " < >

(3)文件名由主文件名和扩展名两部分组成,中间用"."作分隔。格式为:

主文件名. 扩展名

例如,记事本可执行程序文件名为"Notepad. exe"。

（4）文件名和文件夹名中的英文字母不区分大小写,比如,"myfile. txt"和"MyFile. TXT"被认为是同名文件。

3. 文件类型

一般来说,文件名主要体现文件的内容,扩展名则代表文件的性质和类型,不同类型的文件一般都具有不同的扩展名。而文件的扩展名与处理文件的应用程序又紧密关联,通过双击文件,系统根据扩展名调用相应的应用程序来打开该文件。常用文件扩展名与文件类型之间的对应关系如表 1-1 所示。

表 1-1 常用文件扩展名和文件类型对应关系

文件扩展名	文件类型	文件扩展名	文件类型
. txt	文本文件	. jpg	图片文件
. exe	可执行文件	. bmp	位图文件
. docx	Word 文件	. pdf	pdf 文件
. xlsx	Excel 工作表文件	. Zip 或. rar	压缩格式文件
. html 或. htm	网页文件	. avi	视频文件

4. 资源管理器

资源管理器是 Windows 7 系统提供的一种管理计算机资源的工具。采用树形文件系统结构,清楚、直观地显示文件和文件夹。

打开"资源管理器"的主要方法如下:

① 双击桌面上的"计算机"图标。

② 单击程序区"资源管理器"图标。

③ 快捷键 Win+E。

"资源管理器"窗口组成如图 1-9 所示。

图 1-9 窗口组成

各部分功能如下：

（1）"后退"和"前进"按钮。使用"后退"和"前进"按钮可以导航至打开过的其他文件夹或库。如果与地址栏一起使用，可以快速定位文件夹。

（2）地址栏。使用地址栏可以直接导航至不同的文件夹或库。

（3）搜索框。在搜索框中输入词或短语可查找当前文件夹或库中的文件。

（4）工具栏。工具栏按钮随导航窗格选择不同而变化，使用工具栏可以快速操作文件和文件夹，主要工具有"组织"下拉按钮和"更改您的视图"下拉按钮。

（5）导航窗格。使用导航窗格可以快速定位位置，主要选项为"库"和"计算机"。

（6）库。库是为了更好地管理文件而引入的，是存放文件的一个容器，系统自建许多库，用户可以新建库，把不同位置文件夹链接到"库"，库中显示链接文件夹中所有文件，只要单击库中的链接，就能快速打开添加到库中的文件，而不管文件原来存放位置。实质上库中文件是原文件夹的一个镜像，随原文件夹自动更新。

（7）对象列表。显示当前文件夹或库中内容及其相关信息。可以通过工具栏"更多选项"按钮，更换对象的显示方式。

（8）细节窗格。通过细节窗格，用户可以查看与选择文件关联的最常见属性，如选中文件，则显示文件属性，如作者、上一次更改的日期等。用户也可以自定义标记。

5．任务管理器

任务管理器提供计算机中运行的程序和进程信息，提供计算机性能和联网情况。

打开"任务管理器"的方法：

① 按快捷键"Ctrl＋Shift＋Esc"。

② 按快捷键"Ctrl＋Alt＋Delete"，在任务列表中，选择"启动任务管理器"。

③ 在"程序区"空白处右击，选择快捷菜单"启动任务管理器"。

"任务管理器"对话框如图 1-10 所示。

图 1-10　任务管理器

"任务管理器"提供了"应用程序""进程""服务""性能""联网"和"用户"选项卡。部分选项卡的功能如下：

(1)应用程序。显示当前正在运行的应用程序和打开的文件夹窗口。选择某个运行的程序,单击"结束任务"按钮,直接关闭应用程序。如果某个应用程序无法正常关闭,一般采用"结束任务"强制关闭。

(2)进程。显示了所有当前正在运行的进程,包括应用程序、后台服务等,那些隐藏在系统底层深处运行的病毒程序或木马程序都可以在这里找到,当然前提是我们要知道它的名称。找到需要结束的进程名,然后执行右键菜单中的"结束进程"命令,就可以强行终止,不过这种方式将丢失未保存的数据,如果结束的是系统服务,则系统的某些功能可能无法正常使用。

(3)性能。查看计算机性能的动态显示,例如 CPU 和各种内存的使用情况。

(4)用户。显示当前已登录和连接到本机的用户数、标识(标识该计算机上的会话的数字 ID)、活动状态(正在运行、已断开)、客户端名等信息。

6．文件关联

文件一般可分为可执行文件(程序)和数据文件,对于可执行文件,双击直接运行;对于数据文件,则必须通过程序来打开,程序文件与相关的数据文件之间存在一定的关联,这种关联是在安装程序文件时自动建立的。通过关联程序打开数据文件。数据文件依赖于程序,没有程序,则不可能打开相关的数据文件。

对于已经建立关联的数据文件,双击即可使用关联程序而打开,有时,一个数据文件需要用另一个没有建立关联的程序打开,则需要选择指定的程序。

7．移动与复制

移动操作是指将指定的文件或文件夹,从原文件夹移至目标文件夹,文件或文件夹在移至目标文件夹后,原文件或文件夹会被删除。通过移动操作,可以完成计算机的整理。

复制操作是指将指定的文件或文件夹,从原文件夹复制至目标文件夹。通过复制操作,可以对重要的文件或文件夹进行备份,以防止误删除或损坏。

移动/复制操作方法如下。

(1)应用剪贴板。

"剪贴板"是在数据和交换过程中,用于保存交换数据的内存区域。利用剪贴板可以在应用程序内或在多个程序间交换数据。

剪贴板的操作快捷方法如表 1-2 所示。

表 1-2　剪贴板操作快捷方法

快捷方式	含义
Ctrl＋X	剪切
Ctrl＋C	复制
Ctrl＋V	粘贴
PrintScreen	将整个屏幕作为一幅图像复制到剪贴板
Alt＋PrintScreen	将当前活动窗口作为一幅图像复制到剪贴板

（2）直接拖动。

选择要复制/移动的文件或文件夹，直接拖动到目的文件夹中，在拖动过程中，鼠标的右下角有"＋"号的表示复制，没有"＋"号的表示移动，按"Ctrl"或"Shift"键可以相互转换。

8. 删除与还原

如果计算机中的文件或文件夹不再使用，应该将其删除，以释放其占用的磁盘空间。

删除文件和文件夹，就是把文件或文件夹移至"回收站"中，回收站是硬盘中的一块区域，占用计算机的存储空间，这种删除称为"逻辑删除"，被删除的对象并没有真正的删除，用户可"还原"；如果用户清空"回收站"，删除文件和文件夹被彻底删除，释放存储空间，称为"物理删除"，不能直接"还原"。

9. 快捷方式

"快捷方式"是 Windows 提供的一种快速启动程序、文件或文件夹的方法。是一种特殊文件，双击该文件，并不打开该文件的本身，而是打开快捷方式指向的对象。

快捷方式的重命名、移动等操作只影响快捷方式本身，不会改变指向。

任务1　选择

在"资料文件"文件夹中，完成下列文件的选择操作。

（1）单选。选择"s3"单个对象。

（2）连续多选。选择"s1～s10"连续多个对象。

（3）不连续多选。选择"s1,s3,s6"三个对象。

（4）全部文件。

（5）取消选择。

操作步骤：

（1）单选。直接单击"s3"文件，"s3"文件反白显示，表示选中。

（2）连续多选。先选中连续排列的第一个文件"s1"，按住"Shift"键，然后单击连续排列的最后一个文件"s10"，这两个文件之间的部分全部选中。或鼠标拖动选中，按住鼠标左键拖动，出现一个虚线框，虚线框内的文件全部选中。

（3）不连续多选。按住 Ctrl 键，逐一单击要选择的项目，例"s1"、"s3"、"s6"文件，如果选错对象，再次单击，则取消选中。

如果需要选择的文件比较多，可以采用反向选择，先选择不需要选中的文件，然后利用"编辑"→"反向选择"来进行选择。如果窗口菜单隐藏，可选择工具栏"组织"→"布局"→"菜单栏"，显示菜单。

（4）全选。选择菜单中的"编辑"→"全部选中"命令，或使用快捷键"Ctrl＋A"。

（5）取消选择。在当前窗口中，单击窗口的空白处，即可取消所做的选择。

任务2　文件属性

更改"属性/基础"word 文件属性为"隐藏"。

操作步骤：

更改文件属性。打开"属性"文件夹，选中"基础"，右击，选择快捷菜单"属性"，弹出"基础属性"对话框，自动定位"常规"选项卡，在"属性"区域中，选中"隐藏"复选框，如图1-11所示，单击"确定"按钮。在"属性"文件夹窗口中，"基础"文件被隐藏，不可见。

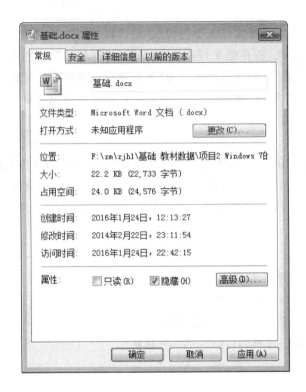

图1-11 "文件属性"对话框

任务3 文件夹选项

（1）显示已知文件的扩展名。

（2）显示"隐藏"的文件。

操作步骤：

（1）显示文件扩展名。在"资源管理器"窗口中，单击"组织"下拉按钮，在列表框中，选择"文件夹和搜索选项"，弹出"文件夹选项"对话框，选择"查看"选项卡，在"高级设置"列表框中，取消选中"隐藏已知文件类型的扩展名"，如图1-12所示，单击"确定"按钮。查看"资源管理器"窗口，显示所有文件的扩展名。

（2）显示隐藏文件。在"文件夹选项"对话框中，选择"查看"选项卡，在"高级设置"列表框中，选中"显示隐藏文件、文件夹和驱动器"，如图1-13所示，单击"确定"按钮。查看"属性"文件夹，隐藏文件"基础"以灰色显示。

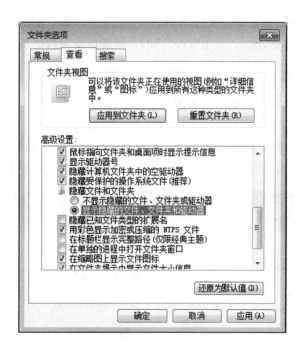

图 1-12　"文件夹选项"对话框

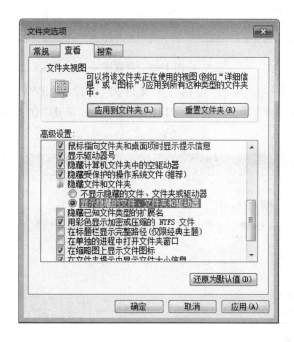

图 1-13　"查看"选项卡

任务 4　重命名

重命名"数据\Student. txt"文件为"学生. txt"。

操作步骤：

重命名。打开"数据"文件夹，选择"Student. txt"文本文件，右击，选择快捷菜单"重命名";或者按 F2 键;或者两次单击文件名(第一次为选中对象,第二次为重命名),在文件名文本框中,删除原文件名,输入"学生",按"Enter"键或单击空白处确定。

任务 5 新建库

新建名为"我的图片"库,库中包含两个文件夹"图片 1"、"图片 2",并查看库中内容。

操作步骤:

(1) 新建库。打开"资源管理器"窗口,在导航窗格中,选择"库",单击"工具栏"上的"新建库"按钮,库名默认名为"新建库",重命名为"我的图片",并选中。如图 1-14 所示。

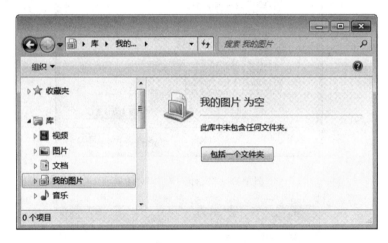

图 1-14 新建库

(2) 添加一个文件夹。单击"包括一个文件夹"按钮,弹出"将文件夹包括在'我的图片'中"对话框,如图 1-15 所示,选择"图片 1"文件夹,单击"包括文件夹"按钮,结果如图 1-16 所示。

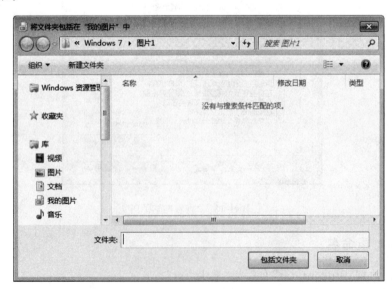

图 1-15 添加"图片 1"文件夹

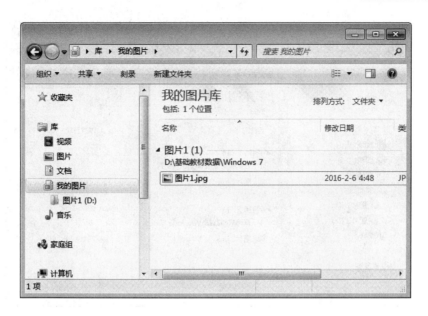

图 1-16 添加一个文件夹效果

（3）添加另一个文件夹。在"我的图片"库中,单击"1 个位置"链接,弹出"我的图片库位置"对话框,单击"添加"按钮,添加"图片 2"文件夹,如图 1-17 所示。单击"确定"按钮,"我的图片"库如图 1-18 所示。

图 1-17 添加/删除文件夹

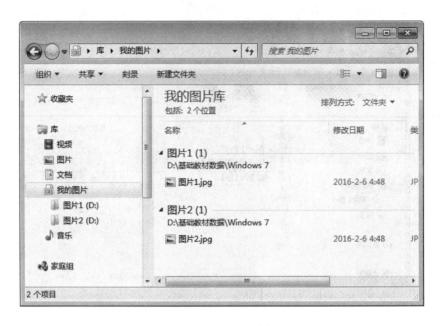

图 1-18   我的图片库

任务 6   文件搜索

在"Data"文件夹中,完成以下操作。

(1) 按文件大小搜索。搜索文件大小在 1KB 到 20KB 之间的文件。

(2) 按文件类型搜索。搜索所有文本文件。

操作步骤:

(1) 按文件大小搜索。打开"Data"文件夹,单击"搜索框",在"条件"下拉列表框中选择"大小:",输入">=1KB <=20KB",或者">=1KB 大小:<=20KB";按"Enter"确认,搜索结果如图 1-19 所示,以"搜索小文件"名保存搜索。

图 1-19   搜索结果

(2) 按文件类型搜索。双击桌面"计算机",打开"资源管理器",按快捷键"Win+F",添加更多的筛选器(默认下只有修改日期、大小),如图 1-20 所示。

图 1-20　确定搜索器

选择"类型",在列表框中,选择".txt",搜索条件为"类型:＝.txt",再确定搜索范围"Data"文件夹,选择搜索条件"类型:＝.txt",搜索结果如图 1-21 所示。

图 1-21　搜索结果

提示：

搜索条件框中可以采用通配符,"＊"号表示任意个字符,"?"号表示当且仅当一个匹配字符。搜索条件可使用关系运算符。如果在搜索条件框中直接输入"＊.txt",也可达到同样的效果。

任务7　快捷方式

创建记事本(C:\windows\system32\notepad.exe)桌面快捷方式,并命名为"记事本"。

操作步骤：

方法一:选择"C:\windows\system32\notepad.exe"程序,右击,选择快捷菜单"发送到"→"桌面快捷方式",重命名为"记事本"。

方法二:创建快捷方式。选择"C:\windows\system32\notepad.exe",右击,选择快捷菜单→"创建快捷方式"。在同一文件夹中创建快捷方式,再把该快捷方式剪切到桌面并重命名。

模块 2　Word 2010 基本操作

Word 2010 基本操作包括文档编辑、文档格式设置、插入图文、绘制表格以及样式应用、目录制作和邮件合并等。

项目 1　文 档 编 辑

文档编辑包括光标定位、文字选择、特殊字符输入、内容复制以及页面布局等内容。

 知识要点

1. 窗口组成

Word 2010 的工作界面主要由"文件"按钮、快速访问工具栏、标题栏、功能选项卡及功能区、导航窗格、编辑区、状态栏、"视图"按钮和显示比例等组成，如图 2-1 所示。

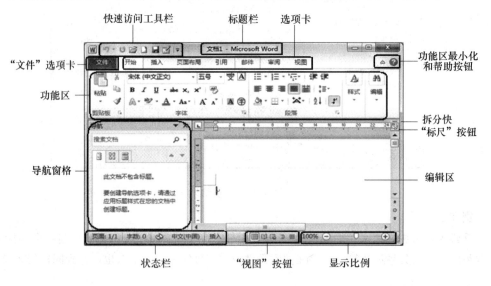

图 2-1　Word 2010 窗口

窗口组成简介如下：

（1）"文件"选项卡。单击该按钮，在打开的菜单中可以选择对文档执行新建、保存、打印等操作。

（2）标题栏。用于显示文档的标题和类型。

（3）快速访问工具栏。该工具栏中集成了多个常用的按钮，默认状态下包括"保存""撤销""恢复"按钮，用户可以根据需要进行添加或隐藏工具，还可以变换工具栏的位置。

（4）功能选项卡和功能区。单击选项卡，可以切换至相应的功能区，不同的功能区提供了多种不同的操作设置选项。如"开始"选项卡功能区中收集了对字体、段落等内容设置的命令。

（5）编辑区。用户可以在此对文档进行编辑操作，制作需要的文档内容。

（6）状态栏。显示当前的状态信息，如页浸透、字数及输入法等信息。

（7）"视图"按钮。单击要显示的视图类型按钮即可切换到相应的视图方式下，对文档进行查看。

（8）显示比例。用于设置文档编辑区域的显示比例，用户可以通过拖动滑块调节显示比例。

（9）导航窗格。在"视图"功能区中，选中"导航窗格"，则在程序窗口右侧显示"导航窗格"。"导航窗格"是一个独立的窗格，主要作用是"搜索文档"，或以"浏览您的文档中的标题""浏览您的文档中的页面"和"浏览您当前搜索的结果"等不同形式显示导航窗格的内容。

2．文档视图

在 Word 2010 中，文档显示方式称为视图。Word 2010 提供了页面视图、阅读版式视图、Web 版式视图、大纲视图和草稿视图五种。

（1）页面视图。页面视图是最常用的视图，显示 Word 2010 文档的打印外观，主要包括页眉、页脚、图形对象、分栏设置、页面边距等元素，具有所见即所得的特性。

（2）阅读版式视图。以图书的分栏样式显示 Word 2010 文档，它主要用来供用户阅读文档，所以功能区等窗口元素被隐藏起来。在该视图模式中，用户还可以单击"视图选项"按钮，选择不同的视图方式。

（3）Web 版式视图。以网页的形式显示文档，主要适用于发送电子邮件和创建网页。

（4）大纲视图。主要用于 Word 2010 整体文档的设置和显示层级结构，并可以方便地折叠和展开各种层级的文档。"大纲视图"广泛用于长文档的快速浏览和设置中。

（5）草稿视图。隐藏了"页面边距""分栏""页眉页脚"和"图片"等元素，仅显示标题和正文。在"草稿视图"中，页与页之间用单虚线表示分页，节与节之间用双虚线表示分节，这样可以缩短显示和查找的时间。

3．拆分窗口

拆分窗口就是把一个文档窗口拆成两部分，独立显示，实现在同一窗口中，对文档不同部分进行编辑。

4．编辑标记

文档中的编辑标记如段落标记，分页符等只起到控制作用，不能打印，但可在屏幕上显示或隐藏，显示时呈暗灰色。一般来说，在文档编辑时最好显示这些标记，让用户清楚地看到文档中应用了什么格式，便于文档格式化。

编辑标记主要有段落标记符（强制换行）、自动换行（换行不分段）、分页符、分节符等。

（1）分页符。当文字或图形填满一页时，自动分页，进入下一个页面。用户如果要在文档中的特定位置强行分页，可插入手动分页符。分页符后面的内容自动移动下一个页面。

（2）分节符。用于设置"页面设置""页眉和页脚""分栏""页码"等格式作用范围，主要作用是在不同的节内，设置不同的格式，达到特殊排版效果。

分节符的类型有"下一页""连续""偶数页"和"奇数页"。

5. 剪贴板

在 Word 中,系统专门在内存中开辟了一块区域,作为移动或复制的中转站,称为"剪贴板"。用户可以把文本、图片、表格等数据存放在"剪贴板"中,需要时粘贴,达到数据交换的目的。剪贴板的操作有如下三个。

图 2-2　"剪贴板"窗格

① 剪切:将文档中所选的对象移动到剪贴板中,文档中的原对象被清除。

② 复制:将文档中所选的对象复制到剪贴板中,文档中的原对象仍保留。

③ 粘贴:将剪贴板中的内容复制到当前文档的插入点的位置。

打开"剪贴板"窗格的操作方法是:单击"开始"选项卡→"剪贴板"组→"剪贴板"按钮,弹出"剪贴板"对话框,如图 2-2 所示。通过"剪贴板"工具及快捷菜单,可对"剪贴板"内容进行"全部清空","删除"、"粘贴"等操作,"剪贴板"最多可以存放 24 次复制或剪切的内容。

任务 1　定制快速访问工具栏

打开"计算机基础知识"文档,定制"快速访问工具栏,添加或删除常用工具。

操作步骤:

定制快速访问工具栏。在快速访问工具栏中,单击右侧"自定义快速访问工具栏"下拉按钮,弹出"自定义快速访问工具栏"列表,选中为添加,取消选中为删除,如图 2-3 所示。通过"其他命令",还可以添加或删除其他工具。删除工具也可在"快速访问工具栏"中选择不需要的工具,右击,选择快捷菜单"从快捷访问工具栏中删除"。

图 2-3　自定义
快速访问工具栏

任务 2　文档视图、显示比例

打开"计算机基础知识"文档,完成下列操作。

(1) 五种视图的切换方式。

(2) 调节视图的显示比例。

操作步骤:

(1) 切换视图。单击"视图"选项卡→"文档视图"组→五种视图按钮之一。或者单击窗口底部的五种视图按钮之一。

(2) 调节视图的显示比例。

方法一:单击"视图"选项卡→"显示比例"组→"显示比例"按钮,弹出"显示比例"对话框,设置显示比例,如图 2-4 所示,单击"确定"按钮。也可以直接单击"显示比例"组中的"100%"、"单页"、"双页"和"页宽"等预定义的显示比例。

方法二:直接拖动程序窗口底部的"显示比例"滑块,设置文档的显示比例。

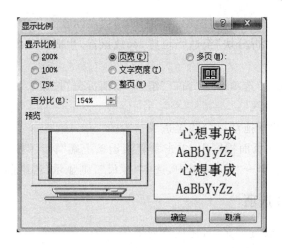

图 2-4 "显示比例"对话框

任务 3 拆分窗口、显示标尺

打开"计算机基础知识"文档,完成下列操作。

(1) 窗口拆分或取消拆分。

(2) 显示标尺。

操作步骤:

(1) 窗口拆分或取消拆分。

① 窗口拆分。

方法一:单击"视图"选项卡→"窗口"组→"拆分"按钮,自动生成一条动态"拆分线",移动鼠标至合适位置,单击,如图 2-5 所示。

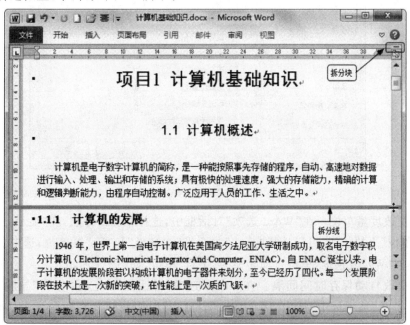

图 2-5 "拆分"窗口

方法二：双击"拆分块"（垂直滚动条最上端横线条），在窗口中间生成拆分线。

方法三：左键拖动"拆分块"至适当位置，释放鼠标，生成拆分线。

② 取消拆分。

方法一：单击"视图"选项卡→"窗口"组→"取消拆分"按钮。

方法二：双击"拆分线"。

方法三：往上或往下拖动拆分线至边缘。

（2）显示标尺。在页面视图中，单击垂直滚动条上端"标尺"按钮，切换标尺的显示或隐藏；或者在"视图"选项卡→"显示"组中，选中"标尺"，则显示，否则隐藏。

任务4　Word 选项

打开"计算机基础知识"文档，完成下列操作。

（1）显示/隐藏编辑标记。

（2）更改度量单位。

（3）设置自动保存时间间隔为 30 分钟。

操作步骤：

（1）单击"文件"选项卡→"选项"命令，弹出"Word 选项"对话框，选择"显示"导航，在"始终在屏幕上显示这些格式标记"选项区中，选中为显示，取消选中为隐藏，如图 2-6 所示。或者单击"开始"选项卡→"段落"组→"显示/隐藏编辑标记"（由段落标记与制表符构成）按钮，选中（突出显示）为显示，取消为隐藏。

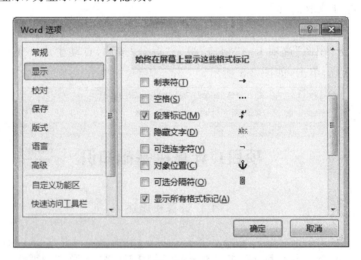

图 2-6　显示导航窗格

（2）更改度量单位。在"Word 选项"对话框中，选择"高级"导航，在"显示"选项区中，单击"度量单位"下拉按钮，可以选择"英寸"、"厘米"、"毫米"和"磅"等单位；选中"以字符宽度为度量单位(W)"复选框，单位自动转换为"字符"单位，如图 2-7 所示。

（3）更改自动保存时间间隔。在"Word 选项"对话框中，选择"保存"导航，在"自定义文档保存方式"选项区中，选中"保存自动恢复信息时间间隔"，在微调框中，输入"30"，如图 2-8 所示。

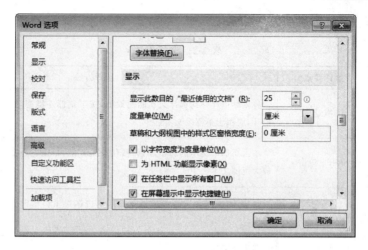

图 2-7 高级导航窗格

图 2-8 保存导航窗格

任务 5 定位与选择

打开"文档编辑"文档,练习定位光标和选择文本。

操作步骤:

(1) 定位。

鼠标定位:在文档编辑区,光标形状为"I",在指定位置单击,定位光标。

键盘定位:键盘定位操作方法如表 2-1 所示。

表 2-1 键盘操作方法

键盘	功能	键盘	功能
[↓]、[↑]、[←]、[→]	分别向上、下、左、右移动一行一字	Ctrl+Home	光标快速定位到文档首
Home	光标快速定位到本行首	Ctrl+End	光标快速定位到文档末
End	光标快速定位到本行末	Shift+F5	返回上一次编辑处

（2）选择。选择方法如表 2-2 所示。

表 2-2 选择方法

选择对象	操作要点	选择方法
连续文本	拖动	将鼠标指针移到选择文本的起始处，按下鼠标左键拖动到选中文本的终止处松开，应用于小范围文本选中
	Shift＋单击	单击要选中文本的起始点处，按住"Shift"键，单击选中文本的终止处，应用于较大范围文本选中
不连续文本	Ctrl＋拖动	按住"Ctrl"键选中所需的区域。如果再次单击已选中区域，则取消此区域的选中
单词	双击	双击该单词
句子	Ctrl＋单击	按住"Ctrl"键，单击句中的任何位置
行	选择区＋单击	选择区中，单击，选中鼠标右侧对应的行。如果单击再拖动，选中连续多行
段	选择区＋双击或段中三击	选择区中，双击，选中指针右侧对应的段。或者在该段中的任意位置三击
全选	选择区＋三击或"Ctrl＋A"	选择区中，三击。或按快捷键"Ctrl＋A"

提示：

① 被选中的文本呈反显状态。在文档中任意位置单击，则取消所有选择。

② 文档的左边距范围构成的区域为选择区。鼠标移至选择区，指针变为指向右上角的箭头。

任务 6 插入特殊文本

在"输入文本"文档，插入下列符号：自动换行符"↓"、带圈数字序号"①"、摄氏度符号"℃"、符号"※"、当前日期和时间且自动更新。

操作步骤：

（1）自动换行符。输入自动换行符后，换行符后的文字移至下一行，达到换行不分段的目的。

方法一：定位光标，按"Shift＋Enter"组合键，产生一个手动换行符。

方法二：定位光标，单击"页面布局"选项卡→"页面设置"组→"分隔符"下拉按钮，在列表框中选择"自动换行符"。

（2）带圈数字序号。

方法一：在中文输入法状态条的右端软键盘上右击，在弹出的快捷菜单中选择"数字序号"软键盘，如图 2-9 所示。按住"Shift"键，在软键盘上用鼠标单击"A"键，插入符号"①"。

方法二：单击"插入"选项卡→"符号"组→"编号"，弹出"编号"对话框，在"编号"选项卡中，设置编号类型，输入编号，单击"确定"按钮，如图 2-10 所示。

图 2-9　"数字序号"软键盘　　　　　　　图 2-10　"编号"对话框

（3）摄氏度符号"℃"、符号"※"。通过软键盘的"特殊符号"插入，如图 2-11 所示。

图 2-11　"特殊符号"软键盘

（4）当前日期和时间。直接输入日期和时间是常量，不能自动更新。所谓自动更新就是下次打开文档时，日期和时间自动更新为系统当前日期和时间。

输入方法：定位光标，单击"插入"选项卡→"文本"组→"日期和时间"按钮，弹出"日期和时间"对话框，在"可用格式"列表框中选择日期和时间格式，同时选中"自动更新"选项，如图 2-12 所示，单击"确定"按钮。

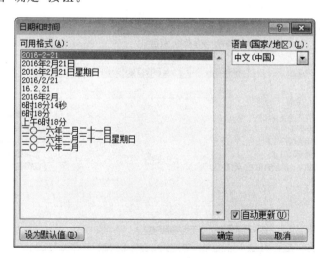

图 2-12　"日期和时间"对话框

任务7　移动和复制

打开"文档编辑"文档，把正文文档第 1 段复制到最后。

操作步骤：

复制。选择正文第 1 段，单击"开始"选项卡→"剪贴板"组→"复制"；或选择快捷菜单"复制"；或按快捷键"Ctrl＋C"。

将光标定位文档最后，单击"开始"选项卡→"剪贴板"组→"粘贴"下拉按钮→"保留原格式"；或快捷菜单中的"粘贴"命令；或按快捷键"Ctrl＋V"。

提示：

粘贴选项有三项，分别是"保留原格式"、"合并格式"和"只保留文本"。格式包括"字体"格式、"段落"格式等。

① 保留原格式：目的格式与原格式完全一致。

② 合并格式：目的格式转换为文档的当前格式。

③ 只保留文本：只保留文本及文本格式，且文本格式转换为文档的当前格式，删除原文本其他所有格式。

任务 8　查找和替换

打开"文档编辑"文档，把所有"电脑"替换为"计算机"，并设置格式加粗、斜体、红色。

操作步骤：

替换。光标定位于文档的开头，单击"开始"选项卡→"编辑"组→"替换"，弹出"查找和替换"对话框。在"查找内容"文本框中输入"电脑"。在"替换为"文字框中输入"计算机"；单击"格式"，设置格式"加粗，斜体，红色"。单击"全部替换"按钮，如图 2-13 所示。

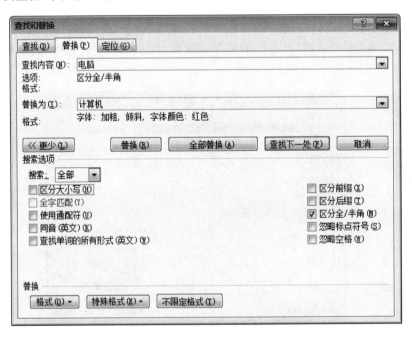

图 2-13　"查找和替换"对话框

提示：

如果在设置格式过程中，设置错误，可单击"不限定格式"按钮，清除格式，重新设置。

任务 9　撤销和恢复

打开"文档编辑"文档,练习撤销与恢复。

操作步骤:

撤销一步。单击"快速访问工具栏"中的"撤销"按钮,可撤销上一步操作。

撤销多步。单击"撤销"按钮右侧的向下箭头,弹出操作步骤记录列表框,选择其中某一条,恢复到此操作之前的状态。

恢复。如果撤销是误操作,单击"快速访问工具栏"中的"恢复"按钮。

项目 2　文 档 格 式

文档格式主要包括字符格式、段落格式、首字下沉、分栏、边框和底纹、项目符号和编号。

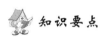 知识要点

1. 段落

段落以回车符作为结束标记,是独立的信息单位。当按"Enter"键时,产生一个段落标记,表示一个段落的结束,同时也是一个新段落的开始。段落标记存储着一个段落格式信息,段落格式主要包括对齐方式、缩进方式、行间距、段前距、段后距等。段落设置的单位有字符、磅和厘米。

(1)段落对齐方式。段落对齐方式有 5 种,说明如下。

① 左对齐。段落中每行文本以左边界为基准,左对齐,但右边不要求对齐。

② 右对齐。段落中每行文本以右边界为基准,右对齐,但左边不要求对齐。

③ 两端对齐。段落中除最后一行文本左对齐外,其余行文本调整文本的水平间距,以左右边界为基准,两端对齐,即同时实现左对齐和右对齐,是常用的一种对齐方式。

④ 居中。段落每行文本居于左右边界的中间。

⑤ 分散对齐。段落最后一行调整文本的水平间距使其均匀分布两端对齐,其余行两端对齐。

(2)段落缩进。设置段落缩进可以将段落与其他段落分开,显示更加清晰的段落层次,段落缩进共有 4 种形式。

① 左缩进。以左边界为基准,段落中的所有行整体向右缩进。

② 右缩进。以右边界为基准,段落中的所有行整体向左缩进。

③ 首行缩进。以左缩进为基准,段落的首行向右缩进,使之与段落其他行错开,便于识别段落的开始。通常首行缩进设置有 2 个字符。

④ 悬挂缩进。以左缩进为基准,段落中除首行外,其余各行向右缩进,使首行悬空,突出显示首行。

注意事项:首行缩进与悬挂缩进不能同时设置。左缩进、首行缩进和悬挂缩进三者之间的关系如图 2-14 所示。

图 2-14　左缩进、首行缩进和悬挂缩进

（3）间距与行距。间距表示段落与段落之间的距离，即相邻两段之间的距离，包括段前距和段后距。对相邻的两段，上一段设置段后距，后一段设置段前距，两段之间的距离并不是两者之和，而是取两者之中的最大值，但实际分配前后段的比例不同，前段实际分配与设定值一致；对于后段，如果后段的段前距小于前段的段后距，实际分段为 0，即全部分配给前段；如果后段的段前距大于前段的段后距，实际分配为后段的段前距减前段的段后距，如图 2-15 所示。

图 2-15　格式效果

行距表示段落中行与行之间的距离，即相邻两行之间的距离。

2．制表位

制表位又称制表符，是以段落为基准设置的，同一段落具有相同的"制表位"。主要作用是把一行分成多列，每列具有自身对齐位置，形如表格，这就是"制表位"名称的来由。

任务 1　字符格式

在"字符格式"文档中，设置字符格式，格式要求及示例如表 2-3 所示。

表 2-3　字符格式

格式要求	格式示例	格式要求	格式示例
重号	荷塘月色	突出显示—红色	荷塘月色
边框	荷塘月色	底纹	荷塘月色
加宽 2 磅	荷 塘 月 色	双下画线	荷塘月色
上标	x^2	下标	x_2

操作步骤：

（1）应用"字体"对话框。

选择字符，单击"开始"选项卡→"字体"组→"字体"按钮，弹出"字体"对话框。自动定位"字体"选项卡，在此页面中，设置字体格式有：中文字体、西方字体、字形、字号、字体颜色、下划线线型、下划线颜色、着重号、上标、下标等，如图 2-16 所示。设置完毕后，单击"确定"按钮。

选择"高级"选项卡，设置字体格式有字符缩放、字符间距（标准、加宽或紧缩）、字符位置（标准、提升或降低）等，如图 2-17 所示。

图 2-16 "字体"选项卡

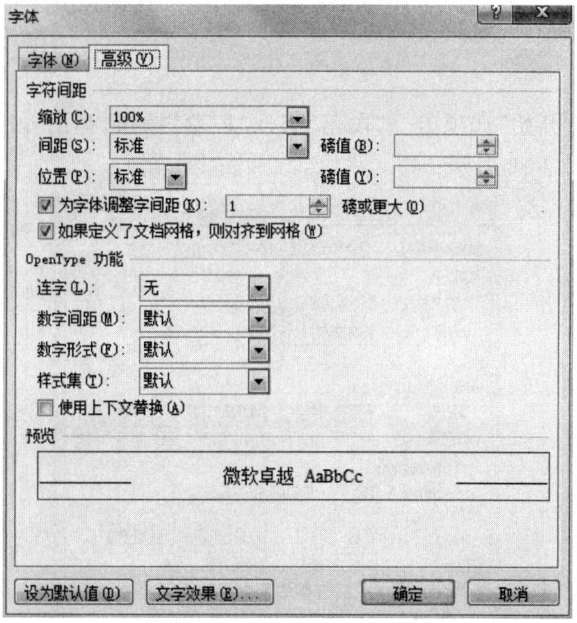

图 2-17 "高级"选项卡

（2）应用"开始"选项卡→"字体"组功能。

字符边框。单击"字符边框"按钮，所选字符周边添加边框。

字符底纹。单击"字符底纹"按钮，所选字符添加灰色底纹。

上标或下标。单击"上标"或"下标"按钮，所选字符缩小，与顶端对齐，或与底部对齐。

突出显示。单击"以不同颜色突出显示文本"下拉按钮→"红色"，所选字符以红色突出显示。

提示：

字号大小有两种表示，一种是字号形式，另一种是数值形式，两者之间的换算如表 2-4 所示。

表 2-4　字号单位之间的换算

中文字号	英文字号（磅）	中文字号	英文字号（磅）
初号	42	三号	16
小初	36	小三	15
一号	26	四号	14
小一	24	小四	12
二号	22	五号	10.5
小二	18	小五	9

任务 2　段落格式

打开"荷塘月色"文档，按下列要求设置段落格式。

（1）标题"荷塘月色"，居中，无首行缩进，段前段后各 1 行。

（2）第 1 段"有位……平淡"，首行缩进 2 个字符，段前段后各 5 磅。

（3）第 2 段"做人需要……他人的依赖"，首行缩进 2 个字符，1.5 倍行距。

（4）第 3 段"从我们来到……什么是人生"，左右各缩进 2 个字符，首行缩进 2 个字符，行距固定值 20 磅。

操作步骤：

选择段落，单击"开始"选项卡→"段落"组→"段落"按钮，弹出"段落"对话框，选择"缩进和间距"选项卡，如图 2-18 所示。

图 2-18　"缩进和间距"选项卡

① 在"常规"区域中,设置对齐方式。

② 在"缩进"区域中,设置左右缩进、首行缩进、悬挂缩进(当设置单位与默认单位不同时,直接输入中文单位厘米、磅、字符)。

③ 在"间距"区域中,设置段前段后及行距(当设置单位与默认单位不同时,直接输入中文单位厘米、磅、行)。

提示:

① 使用"开始"选项卡→"段落"组功能。设置段落左右缩进量、对齐方式、行距等段落格式,如图 2-19 所示。

② 使用标尺功能。拖动标尺设置段落的左缩进、右缩进、首行缩进和悬挂缩进,如图 2-20 所示。

图 2-19 "段落"组功能

图 2-20 "标尺"组成

任务3 首字下沉

打开"荷塘月色"文档,完成以下操作,设置正文第 1 段(这几天心里颇不宁静……)首字下沉,要求:位置为下沉;字体为隶书;下沉行数为 2;距正文为 0。

操作步骤:

定位段落,单击"插入"选项卡→"文本"组→"首字下沉"下拉按钮,在列表框选择"首字下沉选项",弹出"首字下沉"对话框,在"位置"区域中,选择"下沉",在"字体"列表框中选择"隶书",在"下沉行数"列表框中调整或输入"2",在"距正文"列表框中调整或输入"0",单击"确定"按钮,如图 2-21 所示。

提示:

① 在"首字下沉"对话框中选择"无",则可取消已设置的首字下沉效果。

② 首字下沉相当于在段落的首行前部插入了一个无边框、文字环绕方式为"四周型"的文本框,一般情况下,用户不需要调整大小或位置;但可以在首字下沉框中输入多字,达到多字下沉的目的。

图 2-21 "首字下沉"
对话框

任务4 分栏

打开"荷塘月色"文档,完成以下操作,将正文第 2 段"沿着荷塘……"分栏,要求:两栏、栏宽相等,间距为 2 个字符,中间加分隔线。

操作步骤:

选择正文第 2 段,单击"页面布局"选项卡→"页面设置"→"分栏"下拉按钮,在列表框中,选择"更多分栏",弹出"分栏"对话框,在"预设"区域中,选择"两栏",选中"栏宽相等"与"分隔线"复选框,间距调整为 2 个字符,如图 2-22 所示,单击"确定"按钮。

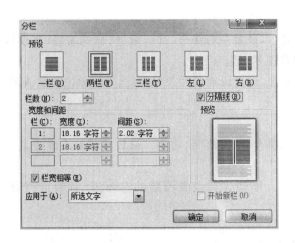

图 2-22 "分栏"对话框

提示：

① 实施分栏后，自动在分栏内容的前后加上一对"分节符（连续）"，分栏内容自成一节，用户不要删除分节符。

② 在"分栏"下拉列表框中，选择"一栏"，再手动删除分节符，相当于删除分栏。

③ 可以在分栏的非最后一栏的文本中，插入"分栏符"，把"分栏符"后面的文本移至下一栏。

任务5　制表位

打开"荷塘月色"文档，完成以下操作，对文档最后一行设置制表位，8 个字符左对齐、18 个字符居中、30 个字符右对齐，通过输入制表符分隔姓名"朱自清"，日期"一九二七年七月"和地点"北京清华园"。

操作步骤：

（1）设置制表位。选择最后一行，单击"开始"选项卡→"段落"组→"段落"按钮，在弹出的"段落"对话框中，单击底部的"制表位"按钮，或者在正文区域内，单击标尺底部灰色部位，弹出"制表位"对话框，在制表位位置文本框中输入"8 字符"，选择"对齐方式"为"左对齐"，"前导符"为"无"，单击"设置"按钮，如图 2-23 所示。同理设置另外两个制表位。如果某制表位设置错误，选中错误制表位，单击"清除"按钮，或单击"全部清除"按钮清除所有制表位。

（2）输入制表符。在姓名"朱自清"前输入任一字符（后面提示中说明原因），定位此字符后，按"Tab"键；定位日期"一九二七年七月"前，按"Tab"键，定位地点"北京清华园"前，按"Tab"键，再删除姓名前输入的一个字符。效果如图 2-24 所示。

提示：

① 在默认情况下，在首行前按"Tab"键，将增加左缩进量，而非添加制表符，不必取消默认设置，只需输入一个字符，按"Tab"后，再删除。

② 单击水平标尺最左端的制表位转换按钮，转换为"左对齐式制表符"，然后在水平标尺上对应位置单击，插入左对齐式制表符。制表位主要有：左对齐式制表符（┗）、右对齐式制表符（┛）、居中式制表符（┻）、小数点对齐式制表符和竖线对齐式制表符（┃）。

图 2-23 "制表位"对话框

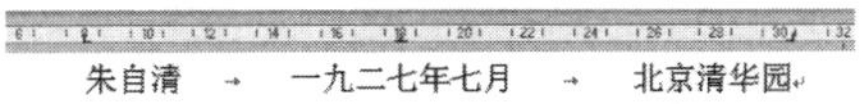

朱自清 → 一九二七年七月 → 北京清华园

图 2-24 制表位设置效果图

任务6 边框和底纹

在"荷塘月色"文档中,设置正文第3段"路上只我一个人……"0.5磅黑色实线方框和填充"主题颜色/白色背景1,深色15％"底纹。

操作步骤:

(1)加边框。光标定位正文第3段,单击"开始"选项卡→"段落"组→"边框和底纹"下拉按钮,在列表框中选择"边框和底纹"命令,弹出"边框和底纹"对话框,自动定位"边框"选项卡,设置为"方框",样式为"单实线",颜色为"自动",宽度为"0.5"磅,应用于"段落",如图 2-25 所示,单击"确定"按钮。

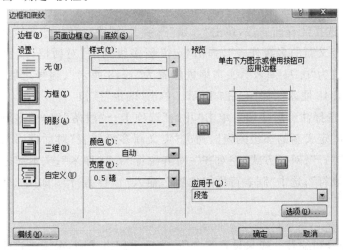

图 2-25 "边框"选项卡

（2）加底纹。选择段落，在"边框和底纹"对话框中，选择"底纹"选项卡，在填充中选择"白色背景 1　深色 15％底纹"，在"应用于"下拉列表框中选择"段落"，如图 2-26 所示，单击"确定"按钮。

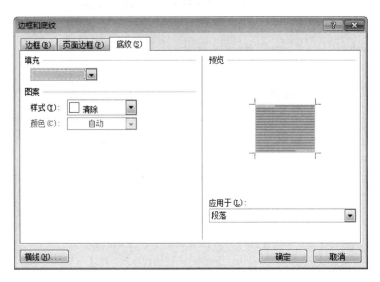

图 2-26　"底纹"选项卡

任务 7　项目符号和编号

打开"荷塘月色"文档，完成以下操作。

（1）对注释部分的前 4 段添加项目符号"➢"，要求：项目符号的位置 0.74 厘米，文本缩进 1.48 厘米，制表符添加位置 1.48 厘米。

（2）对注释部分的后 4 段设置编号，要求：编号样式"1,2,3,…"；编号格式"1."；对齐方式"左对齐"；对齐位置 0.74 厘米；文本缩进 0 厘米，编号之后选择"制表符"；制表符添加位置 1.48 厘米。

操作步骤：

（1）符号。选择注释前 4 段，单击"开始"选项卡→"段落"组→"多级列表"下拉按钮，在列表框中选择"定义新的多级列表"，弹出"定义新多级列表"对话框，设置项目符号为"➢"，左对齐，对齐位置为"0.74 厘米"，文本缩进位置为"1.48 厘米"，编号之后为"制表符"，制表符添加位置为"1.48 厘米"，如图 2-27 所示。单击"确定"按钮。

（2）编号。选择注释后 4 段。单击"开始"选项卡→"段落"组→"多级列表"下拉按钮，在列表框中选择"定义新的多级列表"，弹出"定义新多级列表"对话框，设置编号样式"1,2,3,…"；编号格式"1."；对齐方式"左对齐"；对齐位置"0.74 厘米"；文本缩进位置"0 厘米"，编号之后选择"制表符"；选中"制表符添加位置"，输入"1.48 厘米"，如图 2-28 所示。单击"确定"按钮。

提示：

（1）项目符号和编号一般只设置第 1 段，之后采用格式刷，保持格式的一致。

（2）采用单击"开始"选项卡→"段落"组→"项目符号"或 "编号"，实施的是默认格式。

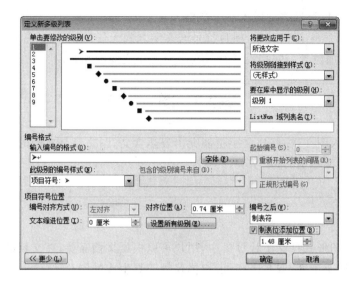

图 2-27　"项目符号"定义

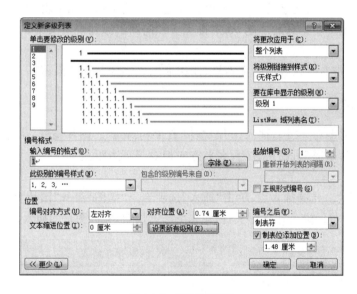

图 2-28　"编号"定义

（3）所有项目符号和编号都是多级，只不过用户一般情况下使用是一级，修改统一格式，只能采用"定义新多级列表"对话框。在"定义新多级列表"对话框中，各项含义如下：

① 对齐方式有左对齐、右对齐和居中，分别表示以"编号位置"为基准，编号在基准右边为左对齐，左边为右对齐，中间为居中。

② 对齐位置。表示项目符号与左边界的距离。

③ 文本缩进位置。表示段落除首行外其余各行与左边界的距离。

④ 编号之后。编号之后可以添加制表符、空格、无特别标注，项目符号与之后的选项是一个整体。

• 制表符：是指定文字与项目之间的间隔，如果选中"制表符添加位置"，则在指定位置显示制表符。

- 空格：在项目符号之后插入一个空格。
- 无特别标注：无任何对象，项目符号与文字之间无任何符号，正常相连。

⑤ 制表位添加位置。间接设置符号与之后文字之间的间距。

项目3 图 文

在文档中插入图文，往往比文字更能突出表达含义，图文已是文档的有效组成部分。图文主要包括图片、文本框、艺术字等。

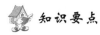 **知识要点**

1. 图片

图片以文件的形式存储于计算机中，用户可以根据文档需要，在文档的适当位置插入图片，图片可以从网上下载，或数码相机、扫描仪等工具生成的图片。

2. 文本框

文本框是一个盛放文字的容器，可以独立地进行文字输入和编辑，在文档中适当地使用文本框，可以实现一些特殊的功能，如重排文字和向图形添加说明文字。

3. 艺术字

艺术字就是带有特殊效果的文本框，用来显示文字的艺术效果。

任务1 图片

打开"黄果树瀑布"文档，插入图片文件"黄果树.jpg"。图片格式：大小为高度4厘米，宽3厘米；布局为四周型，仅在右侧，水平方向相对于页边距左对齐。

操作步骤：

（1）插入图片。选择插入点，单击"插入"选项卡→"插图"组→"图片"按钮，弹出"插入图片"对话框，选择"黄果树.jpg"图形文件，单击"插入"按钮，完成图片的插入，如图2-29所示。

图2-29 "插入图片"对话框

（2）调整图片大小。

方法一：鼠标调整。鼠标放在图形控点上，待鼠标变为双向箭头时，按下鼠标左键拖动，可调整图形大小。

方法二：精确调整。选择图片，单击"图片工具/格式"上下文选项卡→"大小"组→"高级版式：大小"按钮，弹出"布局"对话框，自动选中"大小"选项卡，取消"锁定纵横比"复选框，在高度绝对值文本框中输入"4 厘米"，在宽度绝对值文本框中输入"3 厘米"，单击"确定"按钮，如图 2-30 所示。

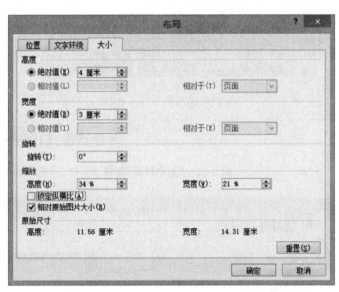

图 2-30 "布局"对话框

提示：

在"大小"选项卡中，选中"锁定纵横比"复选框，则图片的宽高比固定，改变宽度则高度会自动改变，同理，改变高度则宽度也会自动改变。如果想自由改变宽度和高度，则需取消选中该复选框。

（3）文字环绕。单击"图片工具/格式"选项卡→"排列"组→"自动换行"下拉按钮，在列表框中，选择"其他布局选项"命令，弹出"布局"对话框，自动选中"文字环绕"选项卡，设置环绕方式为"四周型"，选择自动换行为"只在右侧"，单击"确定"按钮，如图 2-31 所示。

（4）设置图片位置。单击"图片工具/格式"选项卡→"排列"组→"位置"下拉按钮，在列表框中，选择"其他布局选项"命令，弹出"布局"对话框，自动选中"位置"选项卡，设置水平对齐方式为"左对齐"，相对于"页边距"，如图 2-32 所示。

提示：

在文档中插入图文主要包括图片、文本框、艺术字、自选图形及公式等，这些对象与文本共处于同一个页面中，图文与文字之间的位置关系存在两种形式，即嵌入型和浮动型。

① 嵌入型是指图文与文本处于同一层，此时图文可看作是一个特殊的文字，镶嵌在两个文字之间。

② 浮动型指图文与文本处于不同的层，可以"浮于文字上方"，形成四周型、紧密型、穿越型、上下型等，相当于插图效果；也可以"衬于文字下方"，相当于背景效果。

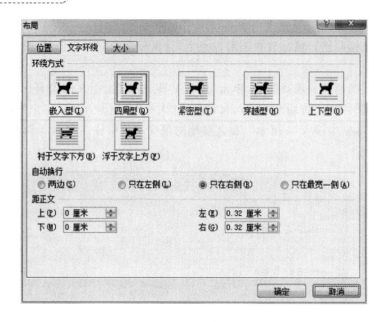

图 2-31 "文字环绕"选项卡

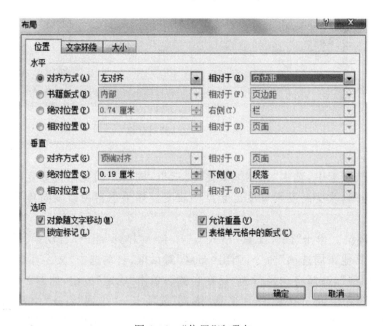

图 2-32 "位置"选项卡

任务 2 文本框

打开"黄果树瀑布"文档,插入文本框,输入文字"黄果树大瀑布",格式为黑体小五号,无边框线,大小随文本自动调整,放在图片下方,与图片组合。

操作步骤:

(1)绘制文本框。单击"插入"选项卡→"文本"组→"文本框"下拉按钮,在列表框中选择"绘制文本框"命令,如图 2-33 所示。在文档中,拖动鼠标绘制文本框。

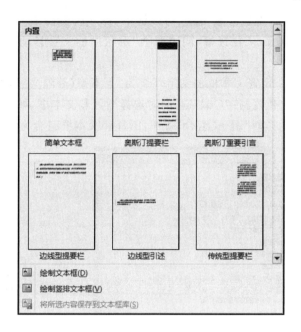

图 2-33 "内置"文本框样式

（2）文字编辑及文字格式。在文本框中输入"黄果树大瀑布"，设置字体为"宋体"，字号为"小五号"，如图 2-34 所示。

图 2-34 在文本框中输入内容

（3）设置文本框格式。选中文本框，单击"绘图工具/格式"选项卡→"形状样式"组→"设置形状格式"按钮，弹出"设置形状格式"对话框。在导航窗格中，选择"线条颜色"选项，选中线条颜色"无线条"，如图 2-35 所示。

或者单击"绘图工具/格式"选项卡→"形状样式"组→"形状轮廓"下拉按钮，在列表框中选择"无轮廓"。

图 2-35 "线条颜色"导航

（4）自动调整。在"设置形状格式"对话框中，在导航窗格中，选择"文本框"选项卡，选中"根据文字调整形状大小"复选框，同时取消"形状中的文字自动换行"复选框，如图2-36所示。

（5）布局与组合。设置文本框的文字环绕为"上下型（分隔文字，便于组合）"，拖动文本框到图片下面，调整好位置，按"Ctrl"键，同时选择图片和文本框，如图2-37所示，单击"图片工具/格式"选项卡→"排列"组→"组合"按钮，图片和文本框组合为一个整体。

图 2-36 "文本框"导航 　　　　　　　　　　　　图 2-37 组合对象

任务3 艺术字

在"黄果树瀑布"文档中，设置标题"黄果树瀑布"为"艺术字"，格式如下：

（1）艺术字样式。采用艺术字列表"2行1列（填充-蓝色透明强调文字颜色1 轮廓-强调文字颜色1）"样式模板；字体为隶书，字号为36。

（2）艺术字布局。采用"嵌入型"。

（3）艺术字文字效果：弯曲类型之"波形1"。

（4）设置"根据文字调整形状大小"。

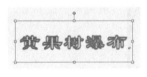

图 2-38 艺术字效果

操作步骤：

（1）艺术字样式。定位光标，单击"插入"选项卡→"文本"组→"艺术字"下拉按钮，选择艺术字列表"2行1列（填充-蓝色透明强调文字颜色1 轮廓-强调文字颜色1）"样式模板，输入文字"黄果树瀑布"，设置字体为"隶书"，字号为"36"，如图2-38所示。

（2）艺术字布局。单击"绘图工具/格式"上下文选项卡→"排列"组→"自动换行"下拉按钮，在列表框中，选择"嵌入型"，如图2-39所示。

（3）文本效果。单击"绘图工具/格式"上下文选项卡→"艺术字样式"→"文本效果"下拉按钮，选择"转换"命令，在列表框中，选择弯曲类型之"波形1"，如图2-40所示。

图 2-39 布局选项

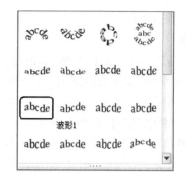

图 2-40 艺术字文字效果

（4）自动调整。单击"绘图工具/格式"上下文选项卡→"形状样式"组→"设置形状格式"按钮，弹出"设置形状格式"对话框，在导航窗格中，选择"文本框"，选中"根据文字调整形状大小"复选框，同时取消"形状中的文字自动换行"复选框，如图 2-41 所示。

图 2-41 "设置形状样式"对话框

任务4 自选图形

打开"黄果树瀑布"文档，绘制旅游线路图，如图 2-42 所示，三个基本图形分别为矩形组中的矩形、基本形状组中的梯形、星与旗帜组中的波形和两条线条组中的箭头，连接三个基本图形。

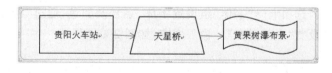

图 2-42 自选图形效果

设置三个图形大小相同高 1.5 厘米，宽 3 厘米，无填充无轮廓，线型为 1 磅实线；设置画布大小高 2 厘米，宽 12 厘米，无填充无轮廓，嵌入型，居中；添加文字，宋体，5 号，颜色，黑色,水平居中,垂直中部。

操作步骤:

(1)新建绘图画布。定位光标,单击"插入"选项卡→"插图"组→"形状"下拉按钮,在列表框中,选择底部的"新建绘图画布"命令,如图2-43所示。在光标处插入嵌入式画布。

(2)绘制图形。选择画布,单击"绘图工具/格式"上下文选项卡→"插入形状"组→图形列表框右下角"其他"按钮,在列表框中选择"矩形"组中的"矩形",在画布上拖动鼠标左键绘制矩形。同理,绘制基本形状组中的梯形、星与旗帜组中的波形,如图2-44所示。

(3)绘制箭头。在"插入形状"组的图形列表框中,选择"线条"组中的"箭头",当鼠标移至图形时,图形四边出现四个暗红色捕捉点,鼠标移至图形右边捕捉中点,按下鼠标左键,拖动鼠标至另一图形左边捕捉中点,并松开鼠标,完成箭头的绘制,如图2-45所示。

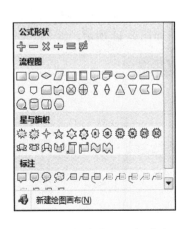

图2-43 "新建绘图画布"命令

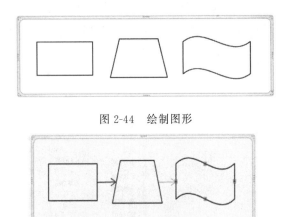

图2-44 绘制图形

图2-45 "连接线"绘制

(4)设置画布及图形格式。设置三个图形大小相同高1.5厘米,宽3厘米,无填充无轮廓,线型为1磅实线,并调整三个图形之间的位置。设置画布大小高2厘米,宽12厘米,无填充无轮廓,嵌入型,居中。如图2-46所示。

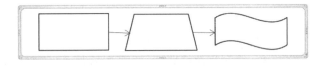

图2-46 格式设置

(5)添加文字。选择图片,右击,在快捷菜单中执行"编辑文字",这时图片中出现光标插入点,通过"开始"选项卡→"字体"组设置字体、字号及颜色,通过"绘图工具/格式"→"文本"→"对齐方式"设置"中部对齐"。输入文字,如图2-47所示。

图2-47 编辑文字

任务5 公式

在"公式"文档中,插入余切半角公式。

操作步骤:

(1)插入新公式。定位光标,单击"插入"选项卡→"符号"组→"公式"下拉按钮,弹出内置公式样式列表,选择"插入新公式"命令,如图 2-48 所示。在光标定位处,出现"在此处键入公式"占位符,如图 2-49 所示。

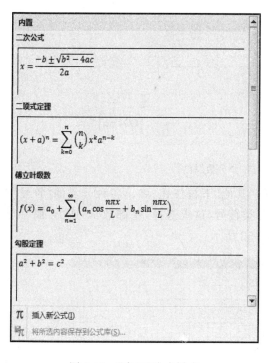

图 2-48 "内置"公式样式

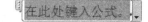

图 2-49 "公式"占位符

(2)插入函数。选择"在此处键入公式",单击"公式工具/设计"→"结构"组→"函数"下拉按钮,弹出函数列表,选择三角函数组中的"余切函数",插入余切函数,如图 2-50 所示。

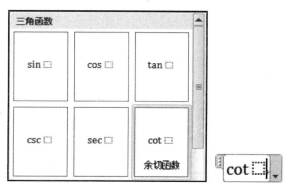

图 2-50 "三角函数"样式

（3）插入分数。选择函数参数占位符，单击"结构"组→"分数"下拉按钮，弹出分数样式列表，选择分数组中的"分数（竖式）"样式，插入分数，如图 2-51 所示。

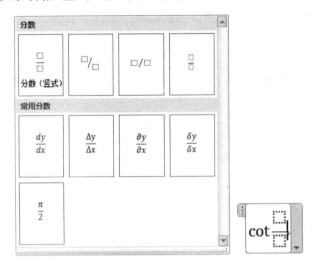

图 2-51 "分数"样式

选择分子占位符，单击"符号"组中的"其他"下拉按钮，弹出各种分类的"符号"窗口，单击窗口标题栏上的下拉按钮，可切换各分类符号，这里选择"基础数学"或"希腊字母"，插入"α"字符；选择分母，直接输入"2"，如图 2-52 所示。

图 2-52 "基础数字"符号列表

（4）插入根式。输入" $=$ "号（等于号前后可以各加一个空格），通过"符号"组，插入符号"$\pm$"；单击"结构"组→"根式"下拉按钮，插入"平方根"样式，如图 2-53 所示。

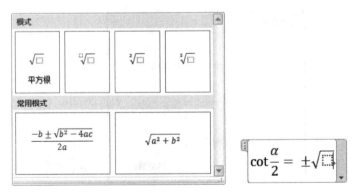

图 2-53 "根式"样式

（5）完成公式输入。选择根式占位符，再插入分数样式，输入分子"1＋cosα"，分母"1－cosα"，完成公式的输入。如图 2-54 所示。

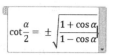

提示：

公式输入后，整个公式是一个整体，类似文本框，默认格式为嵌入式。

图 2-54　公式

项目4　表　　格

表格是由若干行和列所组成的，行列的交叉称为"单元格"，单元格中可以输入文字、数字，插入图形、公式等。

知识要点

表格示例文档如图 2-55 所示。

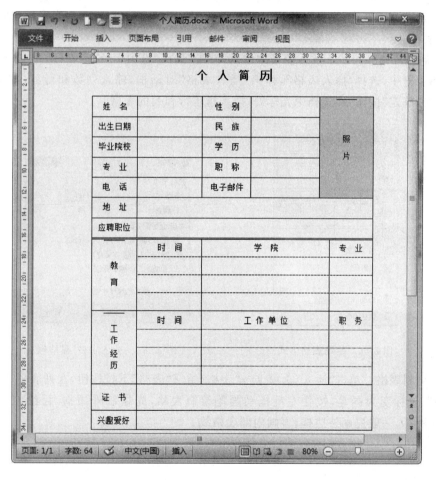

图 2-55　表格示例文档

制作个人简历表的步骤如下：

（1）插入 2×1 表格。

（2）拖动表格右下角矩形框，放大表格至整个页面。

（3）拆分表格，第1行拆分为7行5列，第2行拆分为10行4列。

（4）合并单元格，并调整各行列大小。

（5）设置表格格式。

（6）输入文字。

任务1　绘制表格、选择对象

打开"个人简历"文档，完成以下操作：

（1）绘制个人简历表。

（2）选择表格对象。

操作方法：

（1）绘制表格。主要方法：拖曳，插入表格，绘制表格。

① 拖曳。定位于插入表格的位置，定位光标，单击"插入"选项卡→"表格"组→"表格"下拉按钮，在列表框中，拖曳至指定的行和列，如图2-56所示，在文档中光标处，插入指定行和列的表格。

② 插入表格。定位于插入表格的位置，单击"插入"选项卡→"表格"组→"表格"下拉按钮，在列表框中，选择"插入表格"，弹出"插入表格"对话框，输入列数和行数，如图2-57所示。单击"确定"按钮，在文档中光标处，插入指定行和列的表格。

图2-56　绘制表格方式　　　　　　图2-57　"插入表格"对话框

③ 绘制表格。单击"插入"选项卡→"表格"组→"表格"下拉按钮，在列表框中，选择"绘制表格"，鼠标变为画笔，按住左键拖动画笔绘制表格，先绘制外边框，再绘制表格线，如图2-58所示，一般先画外边框，再画内部表格线。

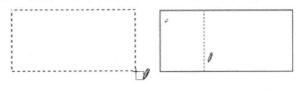

图2-58　绘制表格

（2）表格对象选择。

① 选择单元格和区域。把鼠标指针移到要选择的单元格左边，当指针变为"↗"形状时，单击就可以选择所指的单元格，如图2-59所示；如果按住鼠标左键拖动则选择连续的矩形区域，如图2-60所示。

图2-59 选择单元格   图2-60 选择单元区域

② 选择行。选择单行，将鼠标移至表格某行左侧外，鼠标指针变为反向箭头，单击可选择该行，如图2-61所示。

选择连续单行，按住鼠标拖动选择连续多行。

选择不连续单行，按"Ctrl"键单击可选择不连续多行。

③ 选择列。选择单列，将鼠标移到某列上方，鼠标指针变为一个向下的实心箭头，单击可选择该列，如图2-62所示。

选择连续多列，按住鼠标拖动选择连续多列。

选择不连续多列，按"Ctrl"键单击可选择不连续多列。

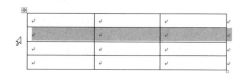   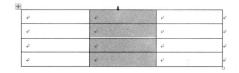

图2-61 选择行   图2-62 选择列

④ 全选。表格左上角有一个带十字形箭头的矩形框，称为"移动句柄"。单击移动句柄，全选。

任务2 行列插入与删除

打开"个人简历"文档，实施插入行列、删除行列。

操作步骤：

（1）插入行。

方法一：选择一行或多行，单击"表格工具/布局"上下文选项卡→"行和列"组→"在上方插入"或"在下方插入"，即可插入相同数量的行。

方法二：光标定位于某行的行结束符处，按回车键，在该行下面插入一行空行。

方法三：单击"表格工具/设计"上下文选项卡→"绘图边框"组→"绘制表格"，画横线，插入行。

（2）插入列。

方法一：选择一列或多列，单击"表格工具/布局"上下文选项卡→"行和列"组→"在左侧插入"或"在右侧插入"，即可插入相同数量的列。

方法二：单击"表格工具/设计"上下文选项卡→"绘图边框"组→"绘制表格"，画竖线，插入列。

（3）删除行列。选择一行或多行，单击"表格工具/设计"上下文选项卡→"行和列"组→"删除"下拉按钮，在列表框中选择"删除行"，删除选择的行；同理删除选择的列。

任务3　合并单元格、拆分单元格

打开"个人简历"文档，实施单元格合并与拆分。

操作步骤：

（1）合并单元格。选择单元区域，单击"表格工具/布局"上下文选项卡→"合并"组→"合并单元格，如图2-63所示。

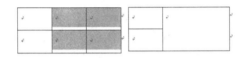

图2-63　合并单元格前后情形

也可通过"表格工具/设计"→"绘制边框"组→"擦除"画笔，擦除边框线，达到合并单元格的目的。

（2）拆分单元格。选择拆分单元区域，单击"表格工具/布局"上下文选项卡→"合并"组→"拆分单元格"，弹出"拆分单元格"对话框，输入列数和行数，并选择"拆分前合并单元格"复选框，如图2-64所示。例如，4行2列拆分为2行3列，如图2-65所示。

图2-64　拆分单元格

图2-65　拆分表格前后的情形

要注意的是，输入行数必须是原选定行数的约数且不大于原行数，否则会弹出警示对话框。

也可先合并选中单元格，再通过"表格工具/设计"→"绘制边框"组→"擦除"画笔，绘制边框线，达到拆分单元格的目的。

任务4　拆分表格、删除表格

打开"个人简历"文档，实施拆分表格、删除表格。

操作步骤：

（1）拆分表格。拆分表格就是以选定行为分界线，把一张表格分成两张独立的表格。选择作为拆分基准的行（或光标定位点基准行的任一单元格），如图2-66所示，单击"表格工具/布局"→"合并"组→"拆分表格"，以选择行上部为基准，拆分为两个表格，如图2-67所示。

图 2-66 拆分前的表格

图 2-67 拆分后的表格

（2）删除表格。选择表格，或定位于表格任意单元格，单击"表格工具/设计"上下文选项卡→"行和列"组→"删除"下拉按钮，在列表框中选择"删除表格"，删除表格。

提示：

当表格处于页面的顶端，选择表格的第一行，执行"拆分表格"命令，相当于在表格前面插入了一行空行，用于输入表格的标题。

任务5 单元格大小、文字方向

打开"个人简历"文档，调整单元格大小，更改文字方向。

操作步骤：

（1）行高和列宽。

拖动调整：拖动水平线调整行的尺寸，当鼠标放在水平线上时，鼠标变为垂直双箭头，按住鼠标左键，垂直方向拖动，如图 2-68 所示，在拖动时，如果按住"Alt"键，垂直标尺上显示行高的数据。同理拖动竖直线，调整列的宽度。

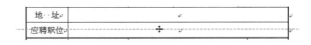

图 2-68 调整行高

精确调整：选择单元区域，在"表格工具/布局"→"单元格大小"组→"高度"组合框中，调整或输入高度值；同理，在"宽度"组合框中，调整或输入宽度值。

（2）平均分布行和列。选择单元区域，单击"表格工具/布局"→"单元格大小"组→"分布行"或"分布列"。或者选择快捷菜单"平均分布各行"或"平均分布各列"。

（3）缩放表格。拖动表格右下角的矩形框，即可放大或缩小整个表格。

（4）文字方向。单元格文字方向一般是水平的，可以更改为垂直方向。

选择单元区域，单击"表格工具/布局"→"对齐方式"组→"文字方向"，或者选择快捷菜单"文字方向"。文字由水平转换为垂直,或由垂直转换为水平。

任务6 对齐方式、单元格边距

打开"个人简历"文档,设置单元格对齐方式,调整单元格边距。

操作步骤：

(1) 对齐方式。对齐方式包括水平对齐(两端对齐、居中对齐、右对齐)和垂直对齐(靠上、中部、靠下)的组合,共九种情形。

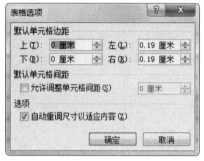

选择单元区域,单击"表格工具/布局"→"对齐方式"组→九种对齐方式之一按钮。或选择快捷菜单"单元格对齐方式"→九种对齐方式之一。

(2) 单元格边距。单元格边距是指单元格文字与边框之间的距离。

选择单元区域,单击"表格工具/布局"→"对齐方式"组→"单元格边距",弹出"表格选项"对话框,即可调整上、下、左、右的距离,如图 2-69 所示。

图 2-69 "表格选项"对话框

任务7 边框和底纹

打开"个人简历"文档,设置简历表的第一行上左右无边框,粗实线边框 1.5 磅,双实线边框 0.75 磅;照片单元格填充"白色,背景 1,深色 15%"。

操作步骤：

(1) 设置无边框,选择第 1 行,单击"设计"→"表格样式"→"边框"→"边框和底纹",或快捷菜单"边框和底纹",弹出"边框和底纹"对话框,选择"边框"选项卡,选择设置区"自定义";单击预览区左右按钮,或者直接在预览区中单击边框,去掉上左右三边线条,单击"确定"按钮,如图 2-70 所示。

图 2-70 "边框"选项卡

（2）设置粗实线，选择单元区域，在"边框"选项卡中，选择设置区"方框"；样式区"单实线"，颜色"自动"，宽度"1.5磅"，单击"确定"按钮，如图2-71所示。

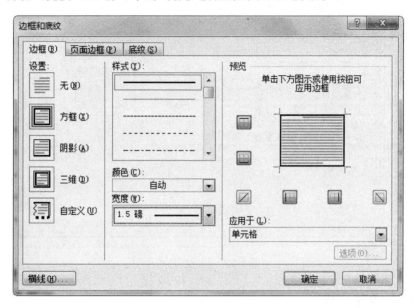

图2-71 "自定义"边框的定义

（3）设置双实线，选择单元区域，在"边框"选项卡中，选择设置区"自定义"；样式区"双实线"，颜色"自动"，宽度"0.75磅"，单击预览区的下连线按钮，单击"确定"按钮，如图2-72所示。

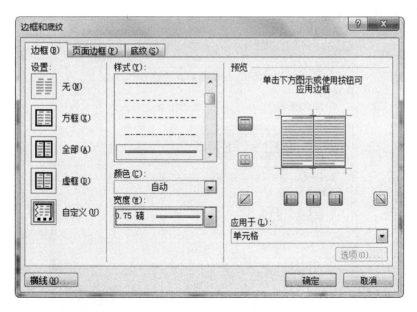

图2-72 "自定义边框"的定义

（4）填充底纹，选择单元区域，在"底纹"选项卡中，选择填充颜色"白色，背景1"类中的"深色15％"，单击"确定"按钮，如图2-73所示，单击"确定"按钮。

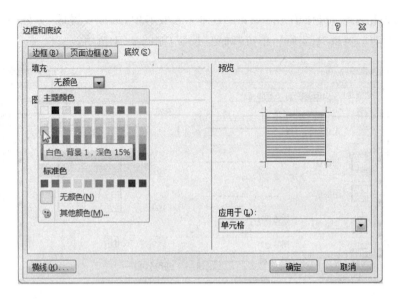

图 2-73 "底纹"选项卡

任务 8 表格属性

打开"个人简历"文档,通过表格属性设置表格、行、列和单元格格式。

操作步骤:

(1) 设置表格格式。表格设置包括表格尺寸、对齐方式和文字环绕等内容。

选择表格,单击"表格工具/布局"→"表"组→"属性",弹出"表格属性"对话框,选择"表格"选项卡,如图 2-74 所示。

图 2-74 "表格"选项卡

尺寸:指定表格宽度,单位有百分比和厘米,百分比以窗口为基准设置,100％相当于选择"布局"→"单元格大小"组→"自动调整"→"根据窗口自动调整表格"。

对齐方式:表格在水平方向上左对齐、居中和右对齐。

文字环绕:表格与文字之间的关系,当选择"无"环绕时,左对齐还可以设置左缩进量。当选择"环绕"时,"定位"按钮有效,单击"定位"按钮,弹出"表格定位"对话框,设置表格精确的位置,包括水平位置和垂直位置,如图2-75所示。

(2)设置行格式。行格式包括行尺寸以及选项"允许跨页断行"和"在各页顶端以标题行形式重复出现"。

在"表格属性"对话框中,选择"行"选项卡,如图2-76所示。

图2-75 "表格定位"对话框　　　　　图2-76 "行"选项卡

尺寸:设置行的高度值。单击"上一行"或"下一行"选择行,选中"指定高度"复选框,输入数字和单位。

选项:

① 允许跨页断行,选中时,当页面从该行结束时,一行字符可在两页显示;取消选中,则整行移到下一页显示。

② 在各页顶端以标题行形式重复出现,选择表前一行或前几行(作为标题行),在"行"选项卡页面中,选中"在各页顶端以标题行形式重复出现"。或者单击"表格工具/布局"→"数据"组→"重复标题行",当表格跨页显示时,各页的顶端均显示标题行。

(3)设置列格式。列格式主要设置列的宽度。

在"表格属性"对话框中,选择"列"选项卡,如图2-77所示。通过"前一列""后一列"按钮,可设置指定列的宽度。

(4)设置单元格格式。设置单元格所在列的宽度以及单元格垂直对齐方式。

在"表格属性"对话框中,选择"单元格"选项卡,如图2-78所示。设置列的指定宽度及垂直对齐方式。

图 2-77 "列"选项卡

图 2-78 "单元格"选项卡

任务 9 公式与排序

打开"成绩表"文档,成绩表如图 2-79 所示,完成下列操作。

(1) 计算平均分,保留 1 位小数。

(2) 按平均降序排列。

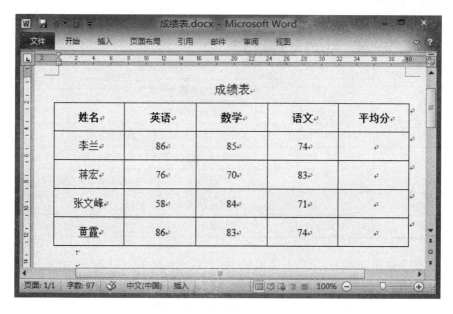

图 2-79 公式示例表

操作步骤:

(1) 计算平均分。定位 E2 单元格,单击"布局"→"数据"→"公式",弹出"公式"对话框,在公式文本框中,删除原公式,粘贴平均函数"AVERAGE",输入参数"left",如图 2-80 所示。

图 2-80 "公式"对话框

提示:

① 表格单元格地址编号规律为:行号用数字 1、2、3 等表示,列号用英文字符 A、B、C 等表示,单元地址用列号加行号表示,如 E2 表示第 2 行第 5 列。

② 常用函数及参数、格式的含义如表 2-5 所示。

表 2-5 函数的含义

类型	名称	含义
常用函数	SUM	参数的总和
	AVERAGE	参数的平均值
	COUNT	参数的个数
	MAX	参数的最大值
	MIN	参数的最小值

53

续表

类型	名称	含义
参数	ABOVE	公式上面连续的单元格
	LEFT	公式左边连续的单元格
	示例 A2	指定 2 行 1 列单元格
	示例 B2:D2	指定 2 行 2 列至 2 行 4 列单元格区域
编号格式	#	1 个"#"表示 1 个占位符,对应位置没有数字时,显示空格
	0	1 个"0"表示 1 个占位符,对应位置没有数字时,显示 0
	.	小数点符号
	其他符号	原样显示

① 表格公式只能插入,实质上插入域,每个单元格公式独立插入,不能采用复制、粘贴的方法。当计算较多时,十分烦琐。

② 函数参数之间用逗号分隔,如"=AVERAGE(B2,C2,D2)"。

③ 编号格式"0.0"的含义是当数字是纯小数时,小数点前显示 0;小数点后,保留 1 位小数,不够 1 位小数时,显示 0。

(2)排序。排序是以表格的行为整体,以表格列数据为依据,重排表格数据。排序规则有笔画、数字、日期和拼音等。

选择全表,单击"表格工具/布局"→"数据"组→"排序",弹出"排序"对话框。在"主要关键字"列表框中,选择"平均分",在"类型"列表框中,选择"数字",选择"降序"单选按钮;在"列表"区域中,选择"有标题行"单选按钮,单击"确定"按钮,如图 2-81 所示,单击"确定"按钮。

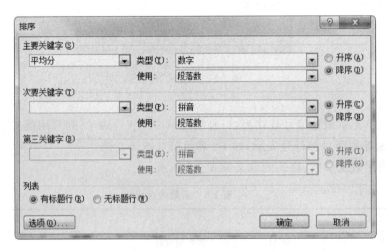

图 2-81 "排序"对话框

任务 10 表格与文本互换

(1)把"学生成绩"文档中的文本转换为表格,数据如图 2-82 所示。

（2）将"成绩表"表格转换为文本，文本之间加制表符。

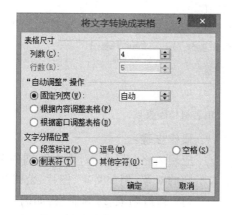

图 2-82　文字转换为表格

操作步骤：

（1）文本转换成表格。如果文本各段有相同数目的语句，且各语句之间有相同的分隔符，则此文本可转换为表格，以表格形式显示文本。段落转换为行，分隔符转换为列。

选择需要转换成表格的文本，单击"插入"选项卡→"表格"组→"文本转换成表格"，弹出"将文字转换成表格"对话框，并自动获取列数和行数，选择文字分隔位置为"制表符"，如图 2-83 所示，单击"确定"按钮。

（2）表格转换为文本。表格转换为文本，行转换为段，列转换为指定分隔符。

全选表格，单击"表格工具/布局"上下文选项卡→"数据"组→"转换为文本"，弹出"表格转换成文本"对话框。选中文字分隔符为"制表符"，如图 2-84 所示，单击"确定"按钮，转换效果如图 2-85 所示。

图 2-83　"将文字转换成表格"对话框　　图 2-84　"表格转换
成文本"对话框

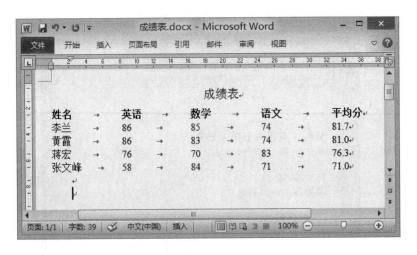

图 2-85　表格转换为文本的转换效果

任务 11　应用表格排版

应用表格排版"黄果树旅游"文档,效果如图 2-86 所示。

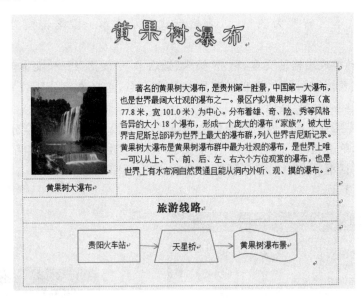

图 2-86　应用表格排版效果

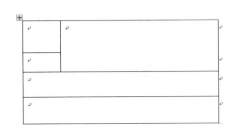

图 2-87　绘制表格

操作步骤:

应用表格分隔版面,再在不同的单元格中插入不同的对象,例如文字、图片、公式等。

(1)通过画笔,绘制表格,如图 2-87 所示。

(2)在对应的单元格中粘贴对应的内容。

(3)调整各列各行的大小及对齐方式。

(4)设置表格格式,边框线为无。

项目5　Word 2010 高效操作

高效操作包括样式、目录和邮件合并等内容。

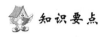 **知识要点**

1. 邮件合并

邮件合并是将两个独立的文档合并成为一个新的文档的操作,其中一个文档称为"主文档",另一个文档称为"数据源文档"。

邮件合并主要用于解决批量分发文件或邮寄相似内容信件的大量重复性工作,如应用在录取通知书、成绩通知书、招聘面试通知等,合并后生成的文档由多页组成,每一页的大部分文字是相同的,仅部分设置的文字不同,如招聘通知的姓名、面试时间、面试地点等项目因人而异,通知中的其他文字、图片等格式完全相同。其中每页中相同的部分构成主文档;在主文档中,除了相同的部分以外,还有一部分是变化的,在创建主文档时,不变的部分用户直接输入,可变的部分则来源于"数据源"。

在合并文档中,变化的部分构成数据源,在数据文档中,只允许包括一个表格,表格的每一行为一条完整的信息,主文档可以引用数据源的全部数据或部分数据。

邮件合并实质上就是将数据源文档中的数据插入到主文档中。

2. 样式

样式是一组格式的组合,包括字体格式、段落格式等。其作用是快速格式化文本。

Word 预定义了各种样式,用户可以定义新的样式,也可以根据自己的需要修改及应用样式,如果修改样式,则应用该样式文本可以自动同步更新。

样式主要有两种类型:段落样式和字符样式。

段落样式控制段落格式及字体格式,例如文本对齐、制位表、行间距和边框、整个段落文字的字体、字号、颜色等。

字符样式影响段落内选择文字的外观,例如文字的字体、字号等。

3. 目录

目录是长文档必不可少的组成部分,目录由文档中的章、节标题和页码组成。

编制目录无须手工输入,Word 提供了自动生成目录的功能,能提取文档不同级别的标题及页码合成目录。

编制目录步骤:首先对标题应用不同的标题样式及标题 1、标题 2、标题 3,其次插入页码,最后自动生成目录。

任务 1　邮件合并

邮件合并。根据主文档与数据源文档,合并生成新文档。

主文档"面试通知单",内容如图 2-88 所示。

数据源文档"面试通知表",内容如图 2-89 所示。

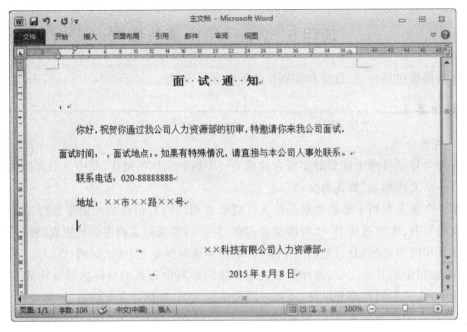

图 2-88 "主文档"内容

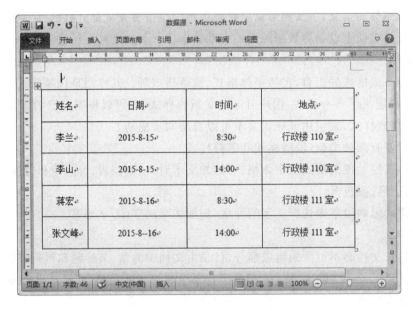

图 2-89 "数据源文档"内容

操作步骤：

（1）选择文档类型。打开主文档，关闭数据源文件，单击"邮件"选项卡→"开始邮件合并"组→"开始邮件合并"下拉按钮，在列表框中选择"信函"，启动"信函"类型邮件合并。

（2）选择数据源。单击"开始邮件合并"组→"选择收件人"下拉按钮，在列表框中选择"使用现有列表"，弹出"选择数据源"对话框，定位位置，选择"数据源"文档。

（3）插入合并域。光标定位于第 2 行"："号前，单击"编写和插入域"组→"插入合并域"下拉按钮，在列表框中，选择"姓名"，同理，插入"日期"、"时间"、"地点"域，如图 2-90 所示。

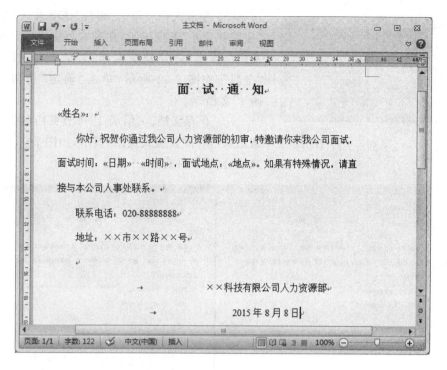

图 2-90　插入"合并域"

（4）预览结果。单击"邮件"选项卡→"预览结果"组→"预览结果"，效果如图 2-91 所示。

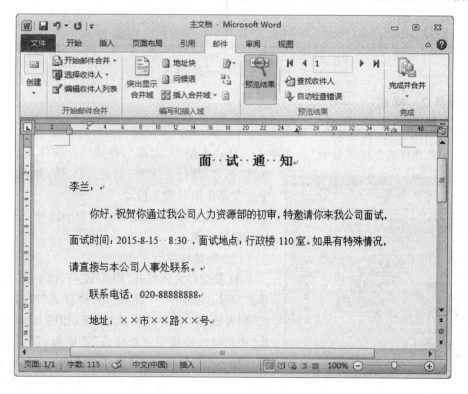

图 2-91　邮件预览

图 2-92 "合并到新文档"对话框

（5）生成文档。单击"邮件"选项卡→"完成"组→"完成并合并"下拉按钮,在列表框中,选择"编辑单个文档",弹出"合并到新文档"对话框,选择合并记录"全部",如图 2-92 所示,单击"确定"按钮,生成"信函 1"文档。

（6）保存文档。"信函 1"每个页面对应数据源一条记录,以"阅读版式视图"显示,如图 2-93 所示,保存文档,完成邮件合并。

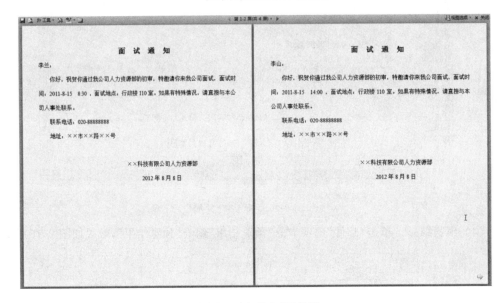

图 2-93 "合并文档"效果

任务 2 样式

打开"样式"文档,完成以下操作。

（1）新建样式。样式名为"正文样式",样式类型为"段落",格式组合字体为仿宋、正文样式、四号;首行 2 字符,行距 1.5 倍,并应用于文档中正文第 1 段和第 3 段。

（2）修改"正文样式",字号为小四号,1 倍行距。

操作步骤:

（1）新建样式。

① 新建样式。打开"样式"文档,选中正文第 1 段,单击"开始"选项卡→"样式"组→"样式"按钮,弹出"样式"列表框,单击"新建样式"按钮,如图 2-94 所示。弹出"根据格式设置创建新样式"对话框,在"名称"文本框中输入"正文样式";"样式类型"与"样式基准"默认;"后续段落样式"列表框中选择"正文"样式,如图 2-95 所示。

图 2-94 "样式"对话框

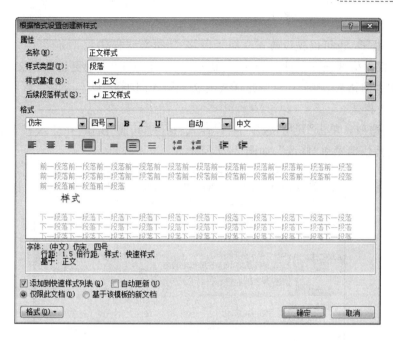

图 2-95 "根据格式设置创建新样式"对话框

　② 设置样式格式。在"根据格式设置创建新样式"对话框中,单击"格式"按钮,选择"字体",设置字体格式为"仿宋"、"四号";选择"段落",设置段落格式:首行 2 字符,行距 1.5 倍,单击"确定"按钮。正文第 1 段自动应用该样式。

　③ 应用样式。选择第 3 段,单击"开始"选项卡→"样式"组→"其他"按钮,在样式列表框中选择"正文样式",应用样式效果如图 2-96 所示。

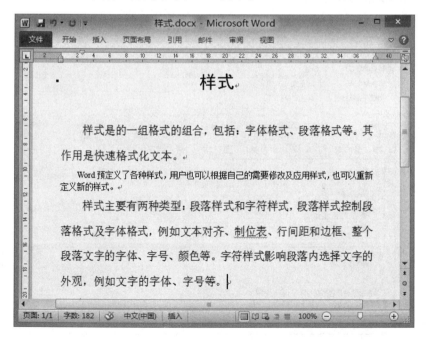

图 2-96 应用样式的效果

提示：

① 新建样式，也可以先设置正文第 1 段格式，再新建样式。

② 在"根据格式设置创建新样式"对话框中，如果选中"自动更新"，在文档中，修改了应用此样式文本的格式，则所有应用此样式的文本格式同步更新。

（2）修改样式。

① 修改选项。单击"开始"选项卡→"样式"组→"其他"按钮，在样式列表框中，右击"正文样式"，选择快捷菜单"修改"，如图 2-97 所示。

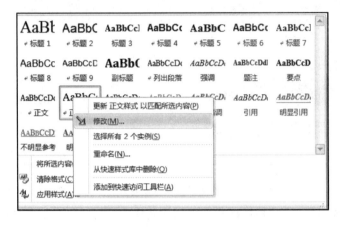

图 2-97 "修改"样式命令

② 修改样式。弹出"修改样式"对话框，单击"格式"→"字体"，修改字号为"小四"，单击"格式"→"段落"，修改行距为"单倍行距"，单击"确定"按钮，如图 2-98 所示。文档中所有应用此样式的段落格式自动更新。

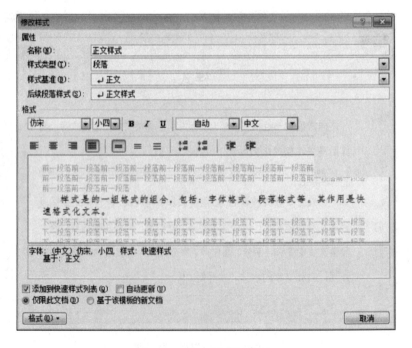

图 2-98 "修改样式"对话框

任务3 页面布局

1．分页、分节

在"计算机基础"文档中，在段尾有红色标记（＊）段落前插入"分页符"；红色标记（＊＊）段落设置"段前分页"；红色标记（＊＊＊）段落前插入"分节符/下一页"。

操作步骤：

（1）插入"分页符"。定位指定段前，单击"页面布局"选项卡→"页面设置"组→"分隔符"下拉按钮，在列表框中，选择"分页符"，插入前后效果如图2-99、图2-100所示。

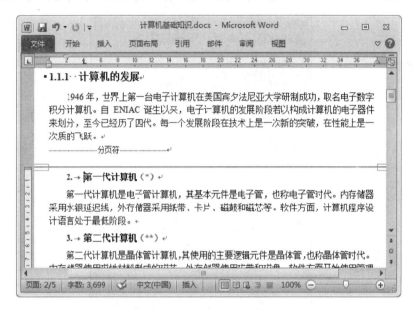

图2-99 段前插入"分页符"

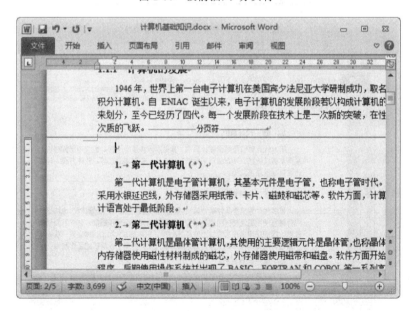

图2-100 段后插入"分页符"

提示：

段前插入"分页符"，"分页符"后存在段落标记，自成一段，带有段落格式，段落格式与插入点段落相同，自动编号 1 转换 2，分页符占据了编号 1，只是没有显示。如果分页前后两段格式不同，一般选择段后插入"分页符"，定位前一段的段后，再插入"分页符"，删除下一页前自动产生的空行，此时分页符在前一段段后，直接属于前一段。

（2）段前分页。选择指定段落，单击"开始"选项卡→"段落"组→"段落"按钮，弹出"段落"对话框，选择"换行和分页"选项卡，选中分页组中"段前分页"，如图 2-101 所示，效果如图 2-102 所示。

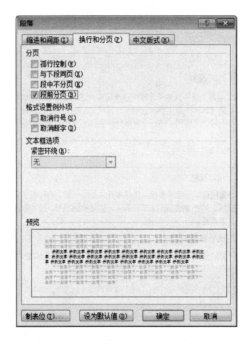

图 2-101 "换行和分页"选项卡

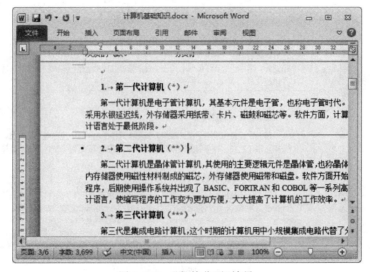

图 2-102 "段前分页"效果

提示：

设置"段前分页"后，段落自动移到下一页，相当于在段前插入"分页符"，同时在段落前显示编辑符号小黑点，表示实施段前分页。

（3）插入"分节符"。操作过程与插入"分页符"同理，如图 2-103 所示。

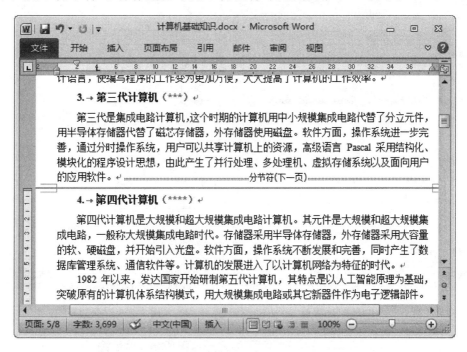

图 2-103　插入分节符

提示：

分节符后没有段落标记，不附加段落格式。

2. 页面设置

在"计算机基础"文档中，设置纸张大小：16 开；页边距：上下边距 2.54 厘米，左边距 2.2 厘米，右边距 2 厘米，横向。页眉页脚距边界各 1.5 厘米。

操作步骤：

（1）纸张大小。单击"页面布局"选项卡→"页面设置"组→"页面设置"按钮，弹出"页面设置"对话框，选择"纸张"选项卡，在"纸张大小"下拉列表框中，选择"16 开"，如图 2-104 所示。

提示：

自定义纸张大小。在"纸张大小"下拉列表框中选择"自定义大小"选项，然后在"宽度""高度"微调框中设置宽度和高度数值。

（2）页边距。页边距是指正文与纸张边缘的距离，选择"页边距"选项卡，输入上下边距"2.54 厘米"，左边距"2.2 厘米"，右边距"2 厘米"，如图 2-105 所示。

（3）纸张方向。在方向区域中，选择"纵向"。

（4）版式设置。选择"版式"选项卡，设置页眉页脚距边界各"1.5 厘米"，应用于"整篇文档"，如图 2-106 所示。

图 2-104 "纸张"选项卡

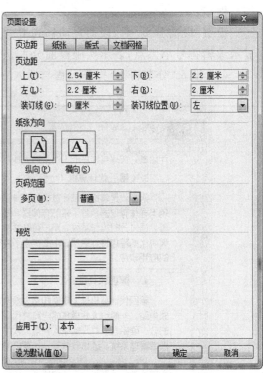

图 2-105 "页边距"选项卡

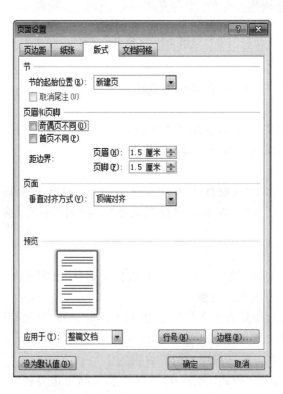

图 2-106 "版式"选项卡

3．页眉和页脚

在"计算机基础"文档中，设置页眉和页脚。页眉为"计算机基础"，宋体，五号，居中；页脚插入页码"1,2,3…"，右对齐。

操作步骤：

（1）页眉。单击"插入"选项卡→"页眉和页脚"组→"页眉"下拉按钮，在列表框中，选择"编辑页眉"，进入编辑页眉页脚状态，自动添加页眉横线属于段落边框的底线（可以删除），选择页眉，输入"计算机基础"，格式设置为宋体，五号，居中。

（2）选择页脚，单击"设计"选项卡→"页眉和页脚"组→"页码"下拉按钮，在列表框中选择"页面底部"→"普通数字 2"。

（3）单击"设计"选项卡→"关闭"组→"关闭页眉页脚"，退出页眉页脚编辑状态，返回页面视图，设计效果如图 2-107 所示。

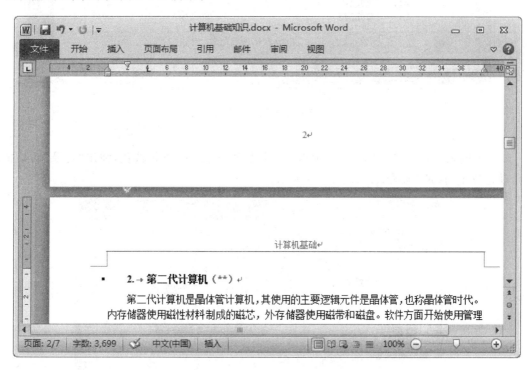

图 2-107　设置"页眉页脚"效果

任务4　目录

在"目录"文档中，添加目录页面，插入目录，效果如图 2-108 所示。

操作步骤：

方法一：

（1）插入目录页。在首页后插入两个分节符"下一页"，生成目录页。

（2）制作目录。光标定位"目录"第一行，单击"引用"选项卡→"目录"组→"目录"下拉按钮，在内置目录列表框中，选择"自动目录 1"，自动插入目录。

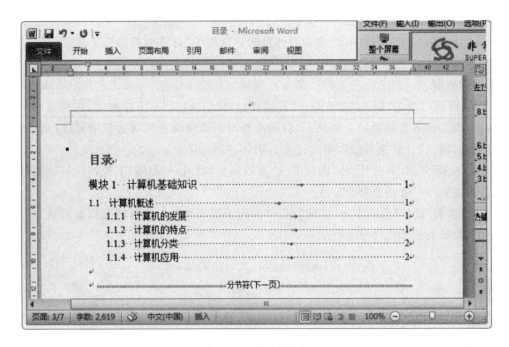

图 2-108　插入"目录"

方法二：

（1）插入目录。单击"引用"选项卡→"目录"组→"目录"下拉按钮，弹出"目录"对话框，自动定位于"目录"选项卡，如图 2-109 所示。

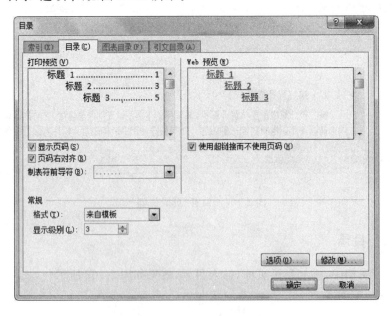

图 2-109　"目录"对话框

（2）修改目录。单击"修改"按钮，弹出"样式"对话框，如图 2-110 所示。选择"目录 1"，单击"修改"按钮，可以修改"目录 1"样式，同理修改"目录 2"和"目录 3"样式，单击"确定"按钮，返回"目录"对话框，单击"确定"按钮，目录更新为修改后的样式。

（3）更新目录。选中目录，单击目录区域左上角"更新目录"按钮，弹出"更新目录"对话框，选择"只更新页码"或"更新整个目录"选项，如图 2-111 所示，单击"确定"按钮。

图 2-110 "样式"对话框

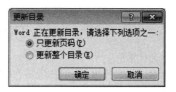

图 2-111 "更新目录"对话框

模块 3　Excel 2010 基本操作

Excel 是基于 Windows 的电子表格软件，是微软办公套装软件的一个重要组成部分，它可以进行各种数据的处理、统计分析和辅助决策操作，广泛地应用于管理、统计、财经、金融等众多领域。

项目 1　工作表编辑

工作表的编辑是制作工作表的第一步，主要包括工作表的管理，单元格的选择，数据输入、填充、移动复制、查找与替换以及数据有效性等。

 知识要点

1. 用户界面

选择"开始"→"所有程序"→"Microsoft Office"→"Microsoft Excel 2010"。启动 Excel 2010 程序，程序窗口主要组成如图 3-1 所示。

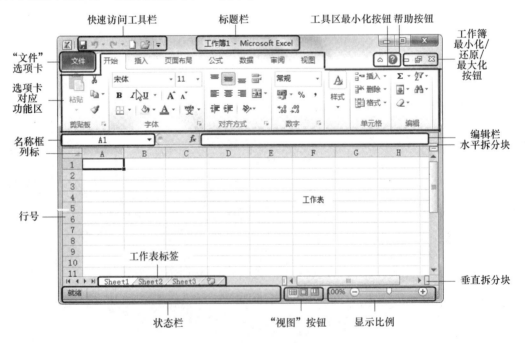

图 3-1　Excel 2010 程序界面

Excel 2010 工作窗口由快速访问标题栏、工具栏、"文件"选项卡、选项卡及功能区、名称框、编辑栏、状态栏、"视图"按钮和显示比例组成。

（1）标题栏。位于程序窗口的顶端，居中显示正在编辑的工作簿文件名和应用程序名。

（2）快速访问工具栏。通常情况下快速访问工具栏位于窗口的左上角，集成了多个常用命令按钮，默认状态下包括"保存"、"撤销"、"恢复"等。单击右侧下拉按钮，弹出"自定义快速访问工具栏"列表框，通过列表框用户可以根据需要进行添加或隐藏工具，还可以变换其位置，在功能区下方显示，如图3-2所示。

（3）"文件"选项卡。单击"文件"选项卡，打开 BackStage 视图，可以选择"保存"、"另存为"、"打开"、"关闭"、"信息"、"最近使用文件"、"新建"、"打印"和"选项"等操作。

（4）选项卡对应功能区。单击选项卡，可以切换至相应的功能区，功能区又划分为不同的组，每组中收集了相应的命令，如"开始"选项卡功能区可分为字体、对齐方式、数字、样式、单元格等分组，每组中又设置了相应的操作命令。

图 3-2 "自定义快速访问工具栏"列表框

（5）名称框。名称框位于功能区的下方、工作表的上方，显示当前单元格即活动单元格或区域的名称，还可以在其下拉列表中选择已定义的区域名等，当进入公式编辑时，"名称框"切换为"函数名"列表框，供用户选择函数，拖动名称框右边的连线，可以调整大小。

如果在地址栏内输入单元格地址，则可以选择该单元格。

（6）编辑栏。编辑栏对应的是活动单元格，给活动单元格更大的编辑空间，选择其一进行编辑，两者会同步变化，对纯数据，两者显示一致，当编辑公式时，一般编辑区显示公式，活动单元格显示公式计算的结果。

（7）状态栏。显示当前的状态信息，如就绪、输入等信息。

（8）"视图"按钮。"视图"包括普通视图、页面视图和分页预览，单击要显示的"视图"按钮即可切换到相应的视图方式下，对文档进行查看和编辑。

（9）显示比例。用于设置文档编辑区域的显示比例，用户可以通过拖动滑块调节显示比例。

2. 工作簿

工作簿是指用来存储并处理数据的一个 Excel 文档，Excel 2010 文件簿文件的扩展名为.xlsx，一个工作簿包含多张不同类型的工作表。

启动 Excel 2010 后，系统会自动创建一个名为"工作簿1"的空白工作簿。

（1）工作表。工作表是指由行和列所组成的一张表格，工作表的行使用自然数顺序号标记各"行号"，位于工作表的左侧，依次为1、2、3…1048576，共1048576行。工作表的列使用英文字母顺序标记各"列标"，位于工作的上面，依次为 A～Z，AA～AZ，AAA～XFD，共16384列。

当启动 Excel 2010 时，系统自动创建一个新的工作簿，默认名为"工作簿1"，其中包含3张工作表，即"Sheet1"、"Sheet2"、"Sheet3"，单击工作表标签，可以在不同工作表之间切换。

（2）单元格。工作表中行与列的交叉位置就是一个单元格，是组成工作表的最小单位，用来存储各种数据。

单元格的位置用单元格名称标识，标识符为单元格的列标和行号的组合。

例如,当前工作表单元格为 D 列、8 行,其单元格名称为"D8"。非当前工作表的名称为"工作表名称! 单元格名称",如"Sheet2! D8"。

(3) 当前单元格。光标所在的单元格称为"当前单元格",显示为黑色的边框(如果是选择了一个区域,则选择的区域高亮显示,而当前单元格反白显示),单元格的名称显示在名称框内。

(4) 单元格区域。单元格区域是由工作表中相邻连续多个单元格组成的矩形区域。单元格区域的名称标识可以用区域"左上角单元名称:右下角单元名称"标识,如当前工作表"A1:B8",非当前工作表"Sheet2! A1:B8"。

3. 拆分窗口

通过拆分窗口可将工作表划分两个或四个区域,各区域独立显示工作表的内容,达到在同一窗口中同时查看并操作工作表不同区域的目的。

4. 冻结窗格

冻结窗口是为了在滚动浏览时,工作表中前若干行和前若干列始终保持可见。

5. 工作表管理

工作表的管理主要包括插入新的工作表、删除不需要的工作表、重命名工作表、设置工作表标签的颜色、移动和复制工作表等操作。

6. 数据类型

单元格数据可分为常量与公式两大类,而常量数据又分为文本型、数值型、日期型和逻辑型,不同的数据有不同的输入方法。

(1) 文本型。文本型数据由一串字符组成,包括中文、英文、数字等符号,其中纯数字型文本没有数量概念,不能进行算术运算。文本型数据默认的对齐方式为左对齐。例如,"姓名"、"周夏莹"、"男"、"20100328001"(纯数字型文本)等。

(2) 数值型。数值型数据由 0~9、+(加)、−(减)、.(小数点)、E、e、%、$(美元符号)等组成,具有数量概念,参与算术运算。数值型数据默认的对齐方式为右对齐。例如 8、8.8、88%、8000、$8、8e+8、8 3/4 等。

(3) 日期型。日期型数据表示日期和时间方法。日期型数据默认的对齐方式为右对齐。

日期格式:"年/月/日"或"年-月-日"。

时间格式:"时:分:秒",24 小时制;"时:分:秒 AM(A)或 PM(P)",12 小时制。

日期时间连写,中间空格,例如,2007-7-26、20:30、2007-7-26、20:30。

(4) 逻辑型。逻辑型数据只有 TRUE、FALSE 两个值,分别表示"真"、"假"和"成立"、"不成立"等相反的两个量。单元格中很少直接使用这两个量,间接用在公式和函数以及数据处理的逻辑判断条件中。逻辑型数据默认的对齐方式为居中。

7. 数据有效性

Excel 具有对输入数据附加提示并进行有效性检验的功能,该功能可以指定单元格中允许输入的数据类型(文本、数字、日期等),以及有效数据的范围(数字的界线、序列中的数值等)。

对重复的有限个序列的数据,可采用列表输入,提高输入的准确性和速度。

建立数据有效性与列表输入,只对建立后输入的数据有效,建立前的数据无效,所以先创建对应单元格区域数据有效性与列表输入,再输入数据。

任务 1 窗口拆分与取消、冻结与取消

打开"个性化设置"工作簿,完成以下操作。

(1)在"拆分窗口"工作表中,在第 4 行前插入水平拆分条,在"取消拆分"工作表中,取消拆分。

(2)在"冻结窗口"工作表中,冻结前 3 行左 2 列;在"取消冻结"工作表中,取消工作表的冻结。

操作步骤:

(1)窗口拆分与取消。

① 拆分窗口。

方法一:选择"拆分窗口"工作表,选择第 4 行,单击"视图"选项卡→"窗口"组→"拆分",在第 4 行前插入水平拆分条,如图 3-3 所示。

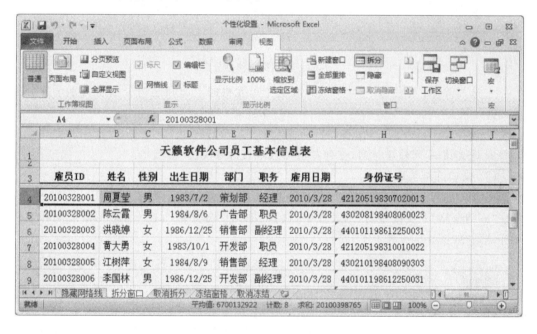

图 3-3 拆分窗口

方法二:选择第 4 行任意一个单元格,直接双击水平拆分块。

方法三:将光标定位于垂直滚动条上端拆分块,拖动拆分块至第 3 行与第 4 行分隔线上,插入拆分线,如图 3-4 所示。

② 取消拆分。

方法一:选择"取消拆分"工作表,单击"视图"选项卡→"窗口"组→"拆分"命令。

方法二:选择"取消拆分"工作表,将拆分条拖动至工作区的边缘。

方法三:选择"取消拆分"工作表,双击拆分条。

提示:

选择单元格的位置不同,窗口拆分条也不同,规则是:

• 选择 A1 或第 1 行或第 A 列,在窗口中间插入水平拆分条与垂直拆分条。

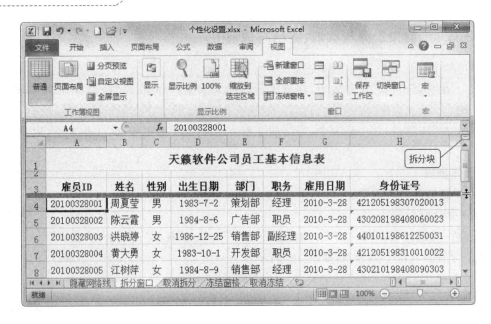

图 3-4　应用拆分块拆分窗口

• 选择除 A1 外任何一个单元格,在这个单元格的上面和左边分别插入水平拆分条和垂直拆分条。

• 选择第 1 行外任一行,在该行前插入水平拆分线。

• 选择第 A 列外任一列,在列左边插入垂直拆分线。

(2)窗口冻结与取消。

① 窗口冻结。选择"冻结窗口"工作表,选择 C4 单元格,单击"视图"选项卡→"窗口"组→"冻结窗格"下拉按钮,在列表框中,选择"冻结拆分窗格",在 C4 单元格前面和左边插入冻结条,如图 3-5 所示。

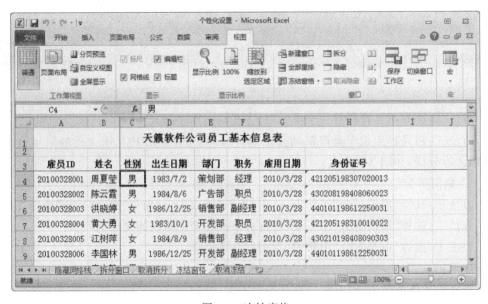

图 3-5　冻结窗格

② 取消冻结。在"取消冻结"工作表中，单击"视图"选项卡→"窗口"组→"冻结窗格"下拉按钮，在列表框中，选择"取消冻结窗格"。

提示：

选择不同的单元格，插入冻结条的位置各不相同，其规则与插入拆分条规则相同。

任务 2　工作表管理

打开"工作表编辑"工作簿，插入工作表，重命名为"插入"，并设置标签的背景色为"红色"；删除"删除"工作表，把"移动与复制"工作表移至所有工作表的最后。

操作步骤：

（1）插入工作表。

方法一：直接单击标签右侧"插入工作表"按钮，插入一张新的工作表，默认名称为"Sheet1"（原有命名序号最大值＋1）。

方法二：选择任一工作表标签，右击，选择快捷菜单"插入"，弹出"插入"对话框，如图 3-6 所示，在"常用"选项卡中，选择"工作表"选项，单击"确定"按钮。

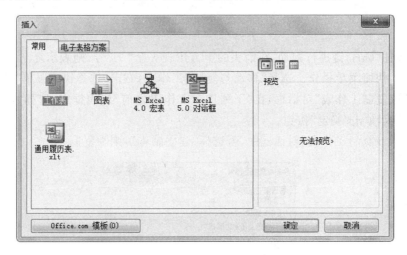

图 3-6　"插入"对话框

（2）重命名工作表。

方法一：选择"Sheet1"工作表标签，双击，输入"插入"。

方法二：选择"Sheet1"工作表标签，右击，选择快捷菜单"重命名"，输入"插入"。

（3）设置工作表标签颜色。

选择"Sheet1"工作表标签，右击，选择快捷菜单"工作表标签颜色"，在"标准色"列表中，选择"红色"。

（4）删除工作表。

方法一：选择工作表，右击，选择快捷菜单"删除"。

方法二：选择"删除"工作表，单击"开始"选项卡→"单元格"组→"删除"下拉按钮，选择"删除工作表"。

（5）移动工作表。

方法一：鼠标操作。选择"移动与复制"工作表，按住鼠标左键并沿着标签行拖动，此时鼠标指针变为箭头与白色方块的组合,同时在标签上方出现一个黑色下拉三角形,指示当前工作表所要插入的位置,松开鼠标左键,工作表移到新的位置,如图 3-7 所示。

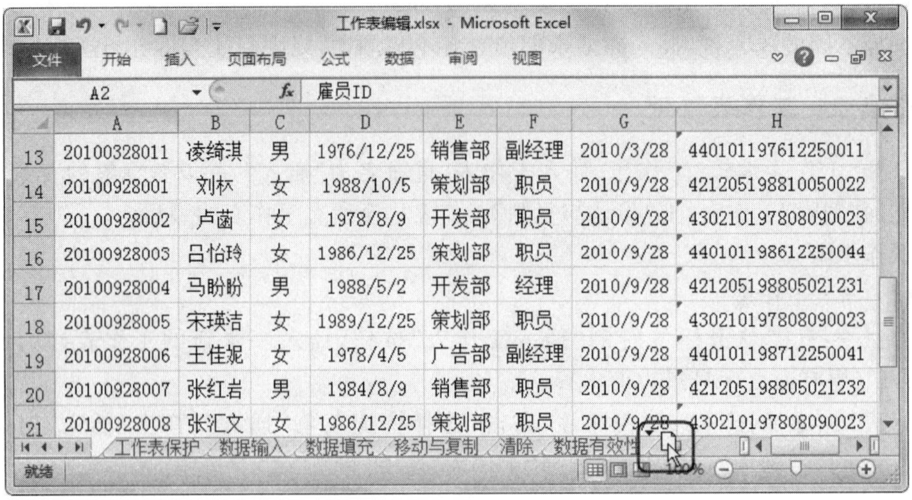

图 3-7　鼠标拖动移动

如果按住"Ctrl"键进行拖动,在箭头的上方出现一个"＋"号,则表示复制工作表。

方法二:快捷菜单操作。选择"移动与复制"工作表,右击,选择快捷菜单"移动或复制",弹出"移动或复制工作表"对话框,在"下列选定工作表之前"列表框中,选择"(移至最后)",如图 3-8 所示,单击"确定"按钮。

在"移动或复制工作表"对话框中,若选择"建立副本",则为复制。

图 3-8　"移动或复制工作表"对话框

任务 3　单元格定位与选择

打开"工作簿编辑"工作簿,在"选中"工作表中,定位单元格 D10;选择第 5 行与第 10 行;选择单元格区域 B8:E15。

操作步骤:

(1)选择单元格(定位单元格):单击 D10 单元格,或者在地址栏中输入"D10",再按"Enter"键。

（2）选择不连续多行：鼠标移至第 5 行标题，待变为向右的箭头时，单击，选择第 5 行，按住"Ctrl"键，再选择第 10 行。

（3）选择单元格区域：

方法一：选择 B8 单元格，按住鼠标左键，拖至 E15 单元格。

方法二：选择 B8 单元格，按住"Shift"键，再选择 E15 单元。

方法三：直接在地址栏中输入"B8：E15"，再按"Enter"键。

提示：

定位与选择是编辑工作表的前提，熟练掌握选择方法，提高编辑速度。

（1）鼠标定位与选择，鼠标选择常用方法如表 3-1 所示。

表 3-1　鼠标选择常用方法

选择对象	操作要点	选择方法
定位单元格	单击或输入	直接单击指定单元格；或者在名称框中输入单元格地址
单元格区域	拖动 或按"Shift"键＋单击	用鼠标从区域左上角拖动到右下角； 或者选择区域左上角，按下"Shift"键，单击区域右下角
不连续区域	按"Ctrl"键＋单击	按住"Ctrl"键，逐个选择单元格区域
行	单击	在行标题上单击
连续行	单击拖动	在行标题上单击并拖动
列	单击	在列标题上单击
连续列	单击拖动	在列标题上单击并拖动
全选	单击 或快捷键	单击"全选"按钮（行标题与列标题交叉点）， 或者快捷键"Ctrl＋A"

（2）键盘选择。选择常用快捷键如表 3-2 所示。

表 3-2　定位与选择常用快捷键

按键	功能
↑、↓、←、→	上移、下移、左移、右移一个单元格
Enter、Shift＋Enter	下移、上移一个单元格
Tab、Shift＋Tab	右移、左移一单元格
PageUp、PageDown	上下翻动一屏
Alt＋PageUp、Alt＋PageDown	左右翻动一屏
Home	移动到同行最左端单元格
Ctrl＋Home	移动到 A1 单元格
End 或 Ctrl＋↑（↓、←、→）	移到连续数据区域（或无数据区域）的边界处
Shift＋↑（↓、←、→）	逐渐扩展选择区域

任务 4　数据输入、填充、转置

1．数据输入

打开"工作表编辑"工作簿，选择"数据输入"工作表，输入数据，输入数据效果，如图 3-9 所示。

	A	B	C	D	E	F	G	H	I
1	天籁软件公司员工基本信息表								
2	雇员ID	姓名	性别	出生日期	部门	职务	雇用日期	身份证号	工资
3	20100328001	周夏莹	男	1983-7-2	策划部	经理	2010-3-28	421205198307020013	8698.23
4	20100328002	陈云霞	男	1984-8-6	广告部	职员	2010-3-28	430208198408060023	5965.52
5	20100328003	洪晓婷	女	1986-12-25	销售部	副经理	2010-3-28	440101198612250031	7458.63
6	20100328004	黄大勇	女	1983-10-1	开发部	职员	2010-3-28	421205198310010022	6542.52
7	20100328005	江树萍	女	1984-8-9	销售部	经理	2010-3-28	430210198408090303	9875.63
8	20100328006	李国林	男	1986-12-25	开发部	副经理	2010-3-28	440101198612250031	6523.56
9	20100328007	李小静	男	1983-11-1	开发部	职员	2010-3-28	421205198311010032	4563.14
10	20100328008	梁慧仪	女	1981-8-9	策划部	职员	2010-3-28	430210198108090403	4563.52

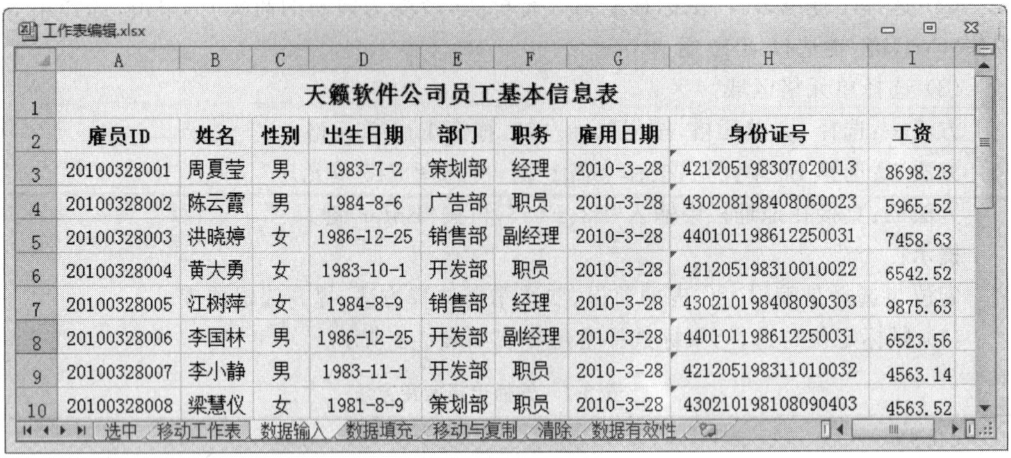

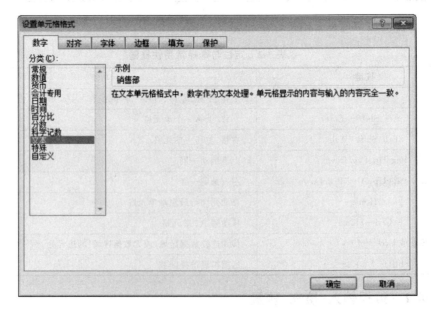

图 3-9　输入数据效果

操作步骤:

(1) 文本型数据输入。

对于“姓名”、“性别”、“部门”、“职务”等文本型数据,直接输入。

对于“雇员 ID”“身份证号”等纯数字型文本,不能直接输入。输入方法如下。

方法一:先输入“'”(英文输入状态下的单引号),再输入数字。单引号的作用是将数字转化为数字型文本。

方法二:先选择 A3:A22,单击“开始”选项卡→“数字”组→“设置单元格格式:数字”按钮,弹出“设置单元格格式”对话框,自动定位“数字”选项卡,在分类列表框中,选择“文本”,如图 3-10 所示,单击“确定”按钮,再直接输入数字。

图 3-10　设置“数字”选项卡

(2) 数值型输入。工资数据属于数字型数据,直接输入。

（3）日期型输入。“出生日期”和“雇用日期”属于日期型数据，直接按“年/月/日”或“年-月-日”格式输入。

提示：

（1）对输入太大或太小的数值，系统会自动转化为科学计数法表示，例如输入“123456789012”，则显示为“1.23457E+11”，即是 1.23457×10^{11}。这只是意味着该单元格显示方式改变，但实际数字仍然是原输入的数值。

（2）对日期型数据，日期与时间均以数值型数据处理。日期和时间的显示取决于单元格中所用的数字格式，日期时间与数字之间的转换规律如下：

日期是一个整数，规定 1900-1-0 对应整数“0”，1900-1-1 对应整数“1”，依此类推，后移一天，数值加 1，如 2008-8-8 对应整数为“39668”。

时间是一个大于或等于 0 且小于 1 的小数，凌晨零点对应“0”，每增加 1 秒则对应增加 1/(24×60×60)。即从 0 点起，以秒为单位计算，流逝时间占一天总时间的比例，如 8：9：10，则对应数值为 8×60×60+9×(60+10)/(24×60×60)，即 0.34(保留两位小数)。

输入日期时，如果只输入两位年份，年份在 00～29 之间，转换为 2000～2029 年，例如，输入 07-08-09，转换为 2007-8-9。年份在 30～99 之间，转换为 1930～1999 年，例如，输入 98-9-10，转换为 1998-9-10。

2. 数据填充

打开“工作表编辑”工作簿，选择“数据填充”工作表，完成以下数据填充，效果如图 3-11 所示。

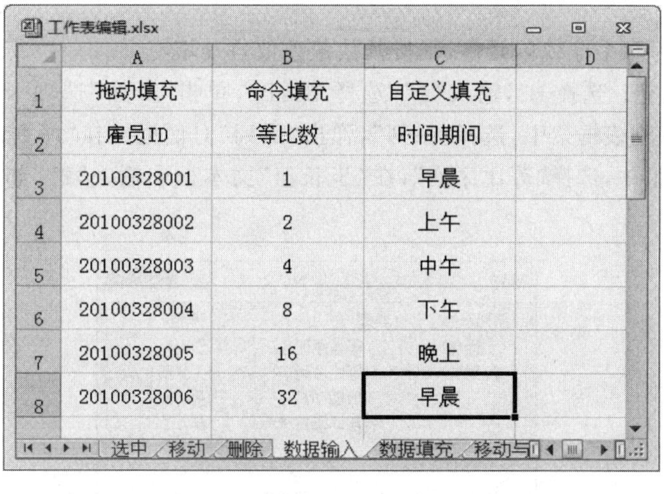

	A	B	C	D
1	拖动填充	命令填充	自定义填充	
2	雇员ID	等比数	时间期间	
3	20100328001	1	早晨	
4	20100328002	2	上午	
5	20100328003	4	中午	
6	20100328004	8	下午	
7	20100328005	16	晚上	
8	20100328006	32	早晨	

图 3-11　数据填充效果

（1）填充柄填充，等差填充 A3:A8 单元格区域，等差为 1。

（2）序列填充，等比填充 B3:B8，等比为 2。

（3）自定义序列填充，自定义序列“早晨、上午、中午、下午、晚上”，并进行 C3:C8 单元区域填充。

操作方法：

（1）填充柄填充。输入 A3、A4 单元格数据，选择 A3:A4 单元格区域，选择区域的边框线显示为粗线条,在其右下角有一个黑色小方点,称为填充柄。将光标移至填充柄上,光标变为"╋"。按住鼠标左键并沿填充的方向(上、下、左、右)拖动填充柄到指定位置,松开鼠标左键,完成数据填充,如图 3-12 所示。

图 3-12　拖动填充

根据初始值不同,填充柄填充分为以下几种情况。

① 原数据为单个单元格,内容为纯字符、纯数字,填充相当于复制。

② 原数据为单个单元格,内容为字符与数字混合,填充时最后一组数字递增 1,其余字符不变。

③ 原数据为两个连续单元格,则按其数值差值自动填充。

(2) 序列填充。选择 B3,输入"1",选择 B3:B8,单击"开始"选项卡→"编辑"组→"填充"下拉按钮,在列表框架中,选择"系列",弹出"系列"对话框。在"序列产生在"组中,选择"列",在"类型"组中,选择"等比序列",在"步长值"文本框中输入"2",如图 3-13 所示,单击"确定"按钮。

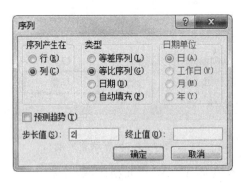

图 3-13　"序列"对话框

提示:

如果在产生序列前只选中 A3 单元格,则必须输入终止值。

(3) 自定义序列填充。

① 自定义序列。单击"文件"选项卡→"选项",弹出"Excel 选项"对话框,在导航窗格

中,选择"高级"选项,右侧移至"常规"区域,单击"编辑自定义列表",如图 3-14 所示。

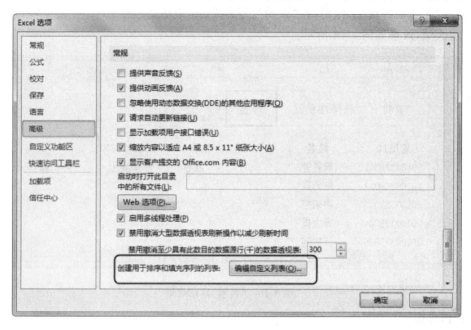

图 3-14 "高级"导航

② 弹出"自定义序列"对话框。在"自定义序列"列表框中,选择"新序列",在"输入序列"文本框中,输入"早晨",按 Enter 键(每项独占一行),输入所有序列,如图 3-15 所示,单击"添加"按钮,添加新的序列。再单击"确定"按钮。

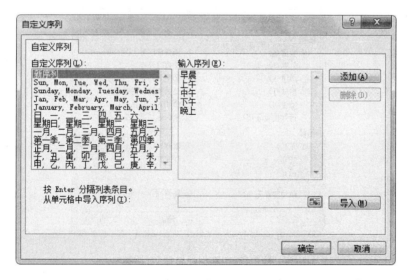

图 3-15 "自定义序列"对话框

提示:

新序列按列或行已输入到单元格区域中,在"自定义序列"对话框中,单击"导入"按钮,导入新序列。

③ 填充自定义序列。选择 C3 单元格,输入"早晨",拖动"填充柄"至 C8 单元格。

3．转置

打开"工作表编辑"工作簿，在"移动与复制"工作表中，实现 A3：B13 数据转置，存放在 D3 起始区域，效果如图 3-16 所示。

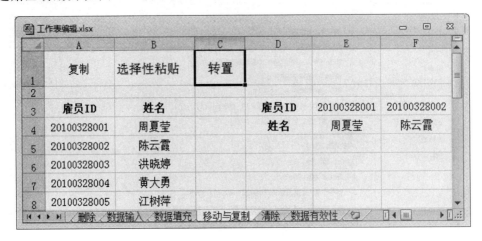

图 3-16 "转置"粘贴效果

操作步骤：

（1）选择 A3：B13 单元区域，单击"开始"选项卡→"剪贴板"组→"复制"。

（2）选择 D3 单元格（只需确定起始位置），单击"开始"选项卡→"剪贴板"组→"粘贴"下拉按钮，在列表框中，选择"选择性粘贴"，弹出"选择性粘贴"对话框，选中"转置"复选框，如图 3-17 所示。单击"确定"按钮。

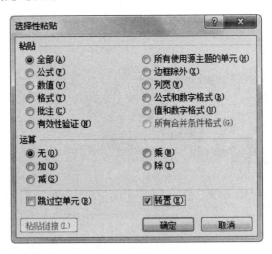

图 3-17 "选择性粘贴"对话框

"转置"的含义是，原本纵向（或横向）排列的数据，粘贴后变成横向（或纵向）。

任务 5 查找与替换

打开"工作表编辑"工作簿，在"查找与替换"工作表中，把所有"职员"替换为"员工"，原表数据如图 3-18 所示。

图 3-18 替换前数据

操作步骤：

单击"开始"选项卡→"编辑组"→"查找和选择"→"替换"，弹出"查找和替换"对话框，自动定位于"替换"选项卡，在"查找内容"文本框中，输入"职员"；在"替换为"文本框中，输入"员工"。单击"全部替换"按钮，如图 3-19 所示。

图 3-19 "替换"选项卡

提示：

如果单击"格式"按钮，可设置查找格式及替换后的格式。

任务 6 数据有效性与列表输入

打开"工作表编辑"工作簿，工作表如图 3-20 所示，在"数据有效性"工作表中，完成以下设置。

（1）建立"出生日期"区域 D3:D18 有效性，再输入日期。有效性规则为：日期范围 1960-1-1～1999-12-31，提示信息：请输入 1960-1-1～1999-12-31 数据，出错信息：超出范围 1960-1-1～1999-12-31。

（2）建立"部门"区域 E3:E18 列表输入，部门选项有：策划部、广告部、销售部、开发部。

操作步骤：

（1）建立数据有效性。

① 选择"出生日期"单元格区域 D3:D18，单击"数据"选项卡→"数据工具"组→"数据有

图 3-20 "数据有效性"工作表

效性"下拉按钮,在列表框中,选择"数据有效性",弹出"数据有效性"对话框,选择"设置"选项卡。在"允许"下拉列表框中,选择"日期"选项;在"数据"下拉列表框中,选择"介于"选项;在"开始日期"文本框中,输入"1960-1-1";在"结束日期"文本框中,输入"1999-12-31",如图 3-21 所示。

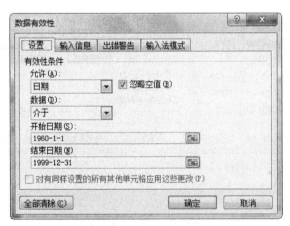

图 3-21 "设置"选项卡

② 选择"输入信息"选项卡,在"标题"文本框中,输入"输入提示";在"输入信息"文本框中,输入"请输入 1960-1-1～1999-12-31 数据!",如图 3-22 所示。

③ 选择"出错警告"选项卡,在"标题"文本框中,输入"错误提示";在"错误信息"文本框中,输入"超出范围 1960-1-1～1999-12-31,请重新输入!",如图 3-23 所示,单击"确定"按钮。

④ 选择 D3 单元格,显示提示信息,输入"1983-7-2",如果输入有错,将弹出"出错信息",用户只有重新输入正确的数据或按"Esc"键取消输入。

（2）列表输入数据。

① 建立列表,选择部门区域 E3：E18,单击"数据"选项卡→"数据工具"组→"数据有效性"下拉按钮,在列表框中,选择"数据有效性",弹出"数据有效性"对话框,选择"设置"选项卡。在"允许"下拉列表框中,选择"序列";在"来源"文本框中,输入"策划部,广告部,销售

部,开发部,销售部",注意各选项之间用英文输入状态下的逗号分隔。如图 3-24 所示,单击"确定"按钮。

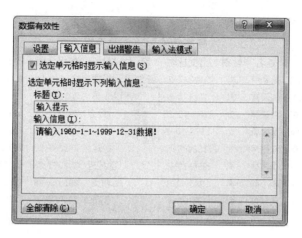

图 3-22 "输入信息"选项卡

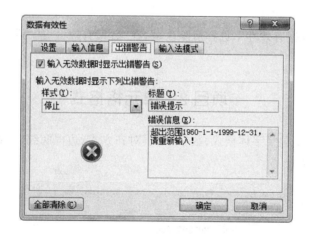

图 3-23 "出错警告"选项卡

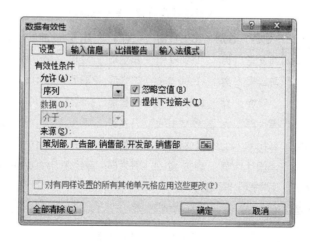

图 3-24 设置单元格区域下拉列表选项

② 输入数据,选择 E4 单元格,单击右侧下拉列表框,选择"广告部",如图 3-25 所示。

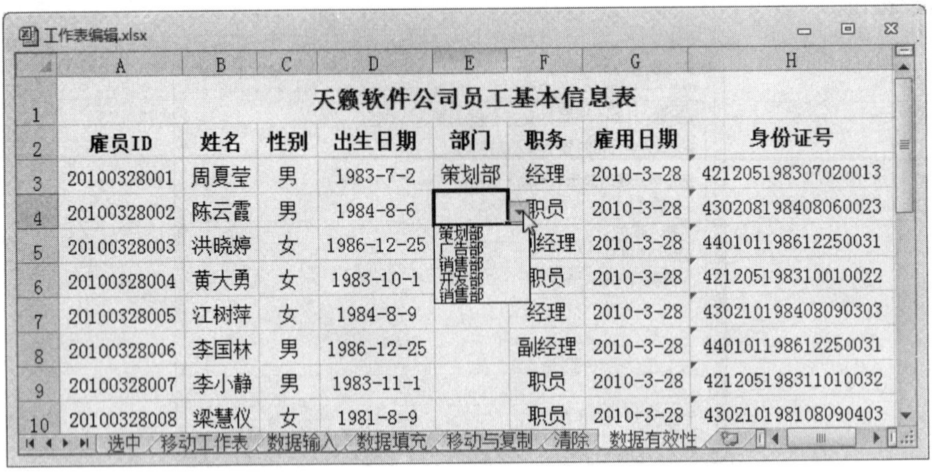

图 3-25　下拉列表选项

提示:

如果要清除"数据有效性",选择清除区域,在"数据有效性"的"设置"选项卡中,单击"全部清除"按钮。

项目 2　单元格格式

单元格格式主要包括字体格式、数字格式、对齐方式、边框底纹、样式、条件格式等,示例工件簿如图 3-26 所示。

图 3-26　示例工件簿

任务1 行高列宽

打开"单元格格式"工作簿,在"行高列宽"工作表中,完成下列格式设置。

(1) 设置3~5行,行高20像素。

(2) 设置6~8行,自动调整行高。

(3) 隐藏9~10行。

操作步骤:

(1) 设置行高。选择3~5行,单击"开始"选项卡→"单元格"组→"格式"下拉按钮,在列表框中,选择"行高",或者选择快捷菜单"行高",弹出"行高"对话框,在"行高"文本框中,输入"20",如图3-27所示。

图3-27 "行高"对话框

(2) 自动调整行高。选择6~8行,单击"开始"选项卡→"单元格"组→"格式"下拉按钮,在列表框中,选择"自动调整行高"。

(3) 隐藏行。选择9~10行,单击"开始"选项卡→"单元格"组→"格式"下拉按钮,在列表框中,选择"隐藏或取消隐藏"→"隐藏行",或者选择快捷菜单"隐藏"。

提示:

使用鼠标调行高:

(1) 拖动调整。选择行,鼠标放置在行与行的分隔线上,鼠标指针变成双向箭头形状,按住鼠标左键向上或向下拖动,屏幕提示框中显示行高,拖动到合适的高度后,释放鼠标,如图3-28所示。

(2) 双击自动调整行高,选择行,鼠标双击边界线,将自动调整行高。

(3) 隐藏或取消隐藏行,选择行,调整行高为零,隐藏行。将光标移至被隐藏的行号下方交界线接近(不要重合),鼠标变为一条双线与双箭头的十字形,向下拖动,则可以取消隐藏,如图3-29所示。

图3-28 设置行高

图3-29 取消隐藏行

任务2 数字格式

打开"单元格格式"工作簿,在"数字格式"工作表中,完成下列格式设置,效果如图3-30所示。

(1) 设置"工资"区域H3:H22格式,应用"货币(¥8,698.00)"格式,并保留2位小数。

(2) 设置"出生日期"区域D3:D22格式,应用"长日期(1983年7月2日)"格式。

操作步骤:

方法一:使用"数字"组命令。

(1) 设置货币格式。选择区域H3:H22,单击"开始"选项卡→"数字"组→"数字格式"下拉按钮,在列表框中,选择"货币"样式,如图3-31所示。

图 3-30　格式设置效果

图 3-31　"数字"列表框

（2）设置日期格式,选择区域 D3：D22,单击"开始"选项卡→"数字"组→"数字格式"下拉按钮,在列表框中,选择"长日期"样式。

方法二：使用"设置单元格格式"对话框。

（1）设置货币格式,选择区域 H3：H22,单击"开始"选项卡→"数字"组→"设置单元格格式 数字"按钮,或者选择快捷菜单"设置单元格格式",弹出"设置单元格格式"对话框,自动定位"数字"选项卡。在"分类"列表框中,选择"货币"类型,在"小数位数"微调框中调整 2 位小数（默认为 2 位小数）,选择货币符号"¥",负数的显示形式"（¥123.10）"（以红色括号形式显示负数）,如图 3-32 所示,单击"确定"按钮。

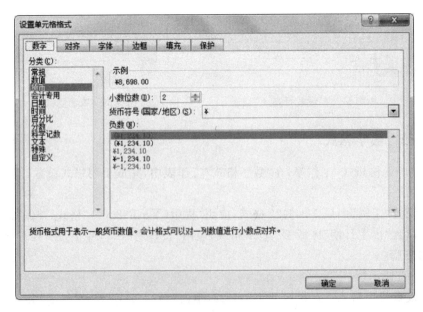

图 3-32　设置单元格数值格式

（2）设置日期格式，选择区域 D3:D22，在"设置单元格格式"对话框中，定位"数字"选项卡，在"分类"列表框中，选择"日期"选项，在"类型"列表框中选择"2001 年 3 月 14 日"，如图 3-33 所示，单击"确定"按钮。

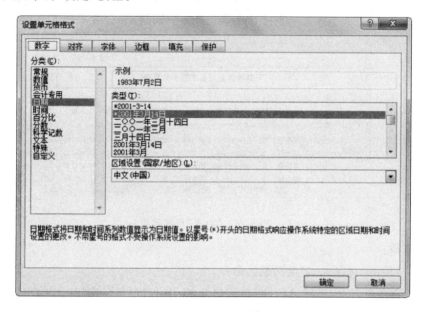

图 3-33　设置单元格日期格式

提示：

改变单元格的数字格式，即变换单元格的显示形式，但不改变单元格的实际值。数字格式包括数值、货币、会计专用、日期、时间、百分比、分数、科学计数等，其含义如表 3-3 所示。

表 3-3　各种数字的含义

分类	说　　明
常规	不包括任何特定的数字格式
数值	可用于一般数字的表示，包括千位分隔符、小数位，还可以指定负数的显示方式
货币	可用于一般货币数值的表示，包括使用货币符号"￥"、小数位数，还可以指定负数的显示方式
会计专用	与货币一样，可以对一列数值进行小数位或货币符号对齐
日期	把日期和时间序列数显示为日期值
时间	把日期和时间序列数显示为时间值
百分比	将数值乘以 100 并添加百分号，还可以设置小数点位置
分数	以分数显示数值中的小数，还可以设置分母的位数
科学记数	以科学记数法显示数字，还可以设置小数点位置
文本	在文本单元格格式中，数字作为文本处理
特殊	用来在列表或数据中显示邮政编码、电话号码、中文大写数字、中文小写数字
自定义	以现有格式为基础，创建自定义的数字格式

任务3 对齐格式

开"单元格格式"工作簿,在"对齐方式"工作表中,设置 A1:H1 单元区域合并后居中,垂直方向居中。A2 单元格文字竖排,B2 单元格文字倾斜 45°。效果如图 3-34 所示。

图 3-34 "对齐"设置效果

操作步骤:

方法一:使用"对齐方式"组功能区命令。

(1) 设置对齐方式,选择 A1:H1 单元格区域,单击"对齐方式"组→"合并后居中"→"合并后居中"或"水平居中",如图 3-35 所示。

(2) 设置文本方向选项,选择 A2 单元格,单击"对齐方式"组→"方向"→"竖排文字",如图 3-36 所示;选择 B2 单元格,单击"对齐方式"组→"方向"→"逆时针角度"。

图 3-35 "对齐方式"组功能区

图 3-36 "方向"选项

方法二:使用"设置单元格格式"对话框。

(1) 对齐方式,单击 A1:H1 单元格区域,单击"开始"→"对齐方式"组→"设置单元格格式 对齐方式"按钮,弹出"设置单元格格式"对话框,自动定位"对齐"选项卡,在"水平对齐"下拉列表框中选择"居中","垂直对齐"下拉列表框选择"居中",选择"合并单元格"复选框,如图 3-37 所示。

(2) 文本方向。

文字竖排,选择 A2 单元格,在"设置单元格格式"对话框的"对齐"选项卡中,单击"方向"区域中的"文本"按钮,如图 3-38 所示。

文字倾斜,选择 B2 单元格,单击文本指针至 45°或微调至 45°,如图 3-39 所示。

设置完毕后,单击"确定"按钮。

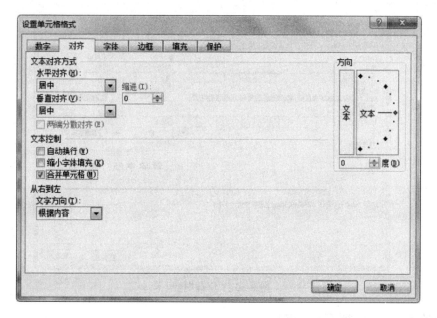

图 3-37 "对齐"选项卡

图 3-38 文字竖排

图 3-39 文字倾斜

任务4 字体格式

打开"单元格格式"工作簿,在"字体格式"工作表中,设置 A1 单元格的字体为隶书,字形为加粗,字号为 12。

操作步骤:

方法一:使用"字体"组,选择 A1 单元格,单击"开始"→"字体"组→"字体"下拉按钮,选择"隶书",单击"字号"下拉按钮,选择"16"(或者直接输入 16),单击"加粗"。

方法二:使用"单元格格式"对话框,选择 A1 单元格,单击"开始"→"字体"组→"设置单元格格式 字体"按钮,弹出"设置单元格格式"对话框的"字体"选项卡,一次性完成设置,如图 3-40 所示。

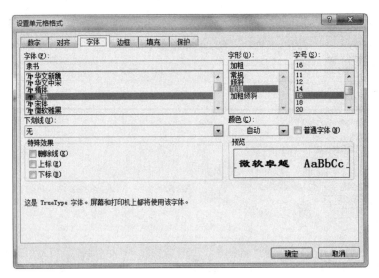

图 3-40　"字体"选项卡

任务 5　边框、填充(底纹)

打开"单元格格式"工作簿,完成以下操作。

(1) 在"边框"工作表,设置 C2:G2 区域上下边框,上边框为粗实线,下边框为细实线,颜色为浅蓝。

(2) 在"填充"工作表,设置 A4:H4 区域填充颜色为茶色。

操作步骤:

(1) 边框。选择 C2:G2 区域,单击"开始"→"字体"→"边框"→"其他边框",或者选择快捷菜单"设置单元格格式",弹出"设置单元格格式"对话框的"边框"选项卡,在"样式"列表框中,选择第 2 列第 5 行粗实线,在"颜色"列表框中,选择"标准色"中的"蓝色",在"边框"区域中,单击"上边框"按钮,或者预览中的上边框位置。同理,设置下边框,如图 3-41 所示。

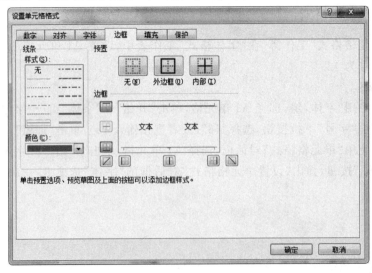

图 3-41　"边框"选项卡

（2）填充。

方法一：选择 A4:H4 单元格区域,选择"开始"→"字体"组→"填充颜色"→"主题颜色"中的"茶色",如图 3-42 所示。

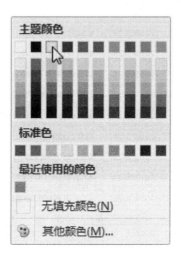

图 3-42 设置"主题颜色"

方法二：选择快捷菜单"设置单元格格式",在弹出的"设置单元格格式"对话框中,选择"填充"选项卡,在"背景色"列表中,选择"茶色",如图 3-43 所示。

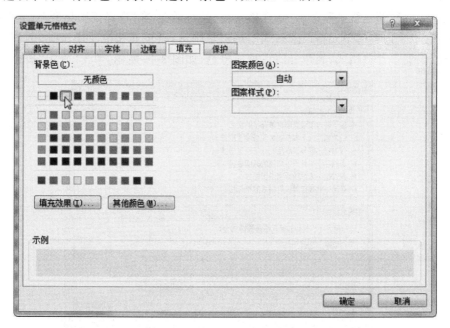

图 3-43 "填充"选项卡

任务6 条件格式

打开"单元格格式"工作簿,在"条件格式"工作表中,应用条件格式,条件:工资小于5000 元,格式:红色、斜体,填充橙色。效果如图 3-44 所示。

图 3-44　设置条件格式效果

操作步骤：

选择工资数据区域 H3：H22，单击"开始"选项卡→"样式"组→"条件格式"下拉按钮，在列表框中，选择"新建规则"，弹出"新建格式规则"对话框，在"选择规则类型"列表框中，选择"只为包含以下内容的单元格设置格式"，编辑规则选择"单元格值　小于　5000"，单击"格式"按钮，设置单元格格式：斜体、红色；填充橙色，如图 3-45 所示，单击"确定"按钮。

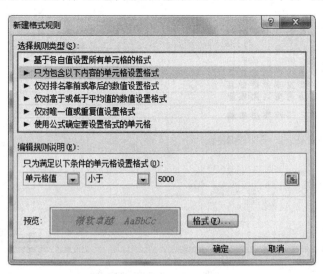

图 3-45　"新建格式规则"对话框

提示：

条件格式是把指当单元格数据满足指定条件时，按指定格式显示，用于突出显示满足条件单元格。

设置条件格式,也可通过"条件格式规则管理器"设置来完成。单击"开始"→"样式"组→"条件格式"下拉按钮,在列表框中,选择"管理规则",弹出"条件格式规则管理器"对话框,通过该对话框,新建规则,如图3-46所示。

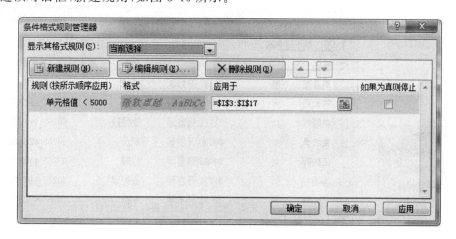

图 3-46 "条件格式规则管理器"对话框

任务7 清除

打开"单元格格式"工作簿,在"清除"工作表中,清除所有单元格格式,清除前的格式如图3-47所示。

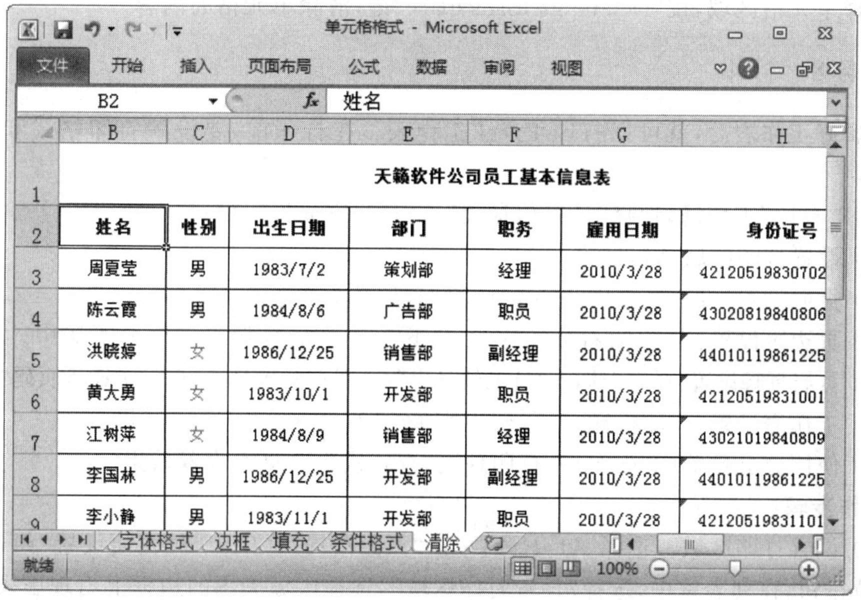

图 3-47 清除前的格式

操作步骤:

单击"全选"按钮,选中所有单元格,单击"开始"选项卡→"编辑"组→"清除"下拉按钮,在列表框中选择"清除格式",如图3-48所示。清除后效果如图3-49所示。

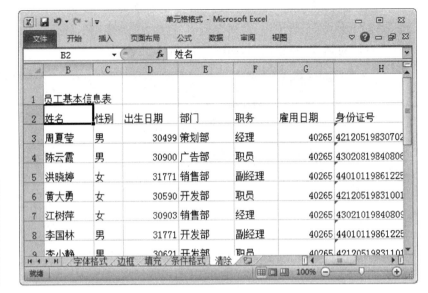

图 3-48 "清除
格式"命令

图 3-49 清除格式效果

提示：

清除命令可以清除单元格格式、内容、批注、超链接等。格式包括字符格式、数字格式、条件格式、底纹和边框等,清除格式后,还原到单元格默认格式。

选择单元格区域,按"Delete"或"Backspace"键,清除单元格的内容。

任务 8 打印

编辑好工作表后,就可以打印 Excel 工作表。在打印前,要设置打印格式和预览打印效果。

打开"打印"工作簿,选择"员工信息表"工作表,完成打印设置。

(1) 设置打印区域 A1:H62。

(2) 页面设置:设置纸张大小 A4 纸,纵向,调整为 1 页宽。

(3) 页边距设置:左 2.0、右 2.0、上 2.5、下 2.5,页眉页脚各 1.5,水平居中。

(4) 页眉页脚设置:页眉中插入"员工信息表",页眉右插入日期,页脚中插入页码"第 1 页"。

(5) 工作表设置:打印标题,标题行为第 1~2 行。

(6) 使用分页预览,页面布局,打印预览,查看或更改页面设置效果。

操作步骤：

(1) 设置打印区域。选择 A1:H62,单击"页面布局"选项卡→"页面设置"组→"打印区域"下拉按钮,在列表框中,选择"设置打印区域",选择区域周围的边框上出现虚线框。

若更改打印区域,可重新选择区域,再执行"设置打印区域",若取消已设置的打印区域,单击"打印区域"下拉按钮,在列表框中,选择"取消打印区域"。

(2) 页面设置。单击"页面布局"选项卡→"页面设置"组→"页面设置"按钮,弹出"页面设置"对话框,定位"页面"选项卡,在"方向"组中,选择"纵向",在"缩放"组中,在"调整为"文本框中输入"1"页宽,"页高"为空白。"纸张大小"选择"A4",如图 3-50 所示。

图 3-50 "页面"选项卡

说明：

① "缩放"，用于放大或缩小打印工作表，其中"缩放比例"允许在 10%～400% 之间。

② "调整为"，表示把工作表拆分为几部分打印，如调整为 3 页宽、2 页高表示水平方向截为 3 部分，垂直方向截为 2 部分，共为 6 页打印。

③ "起始页码"可输入打印首页页码，默认"自动"从第一页开始打印。

（3）页边距设置。选择"页边距"选项卡，设置左 2.0、右 2.0、上 2.5、下 2.5，"居中方式"选择"水平"，如图 3-51 所示。

图 3-51 "页边距"选项卡

（4）页眉/页脚设置。定位"页眉/页脚"选项卡，如图 3-52 所示。单击"自定义页眉"按钮，弹出"页眉"对话框，在"中"文本框中，输入"员工信息表"，在"右"文本框中，插入"日期"，如图 3-53 所示。

图 3-52　"页眉/页脚"选项卡

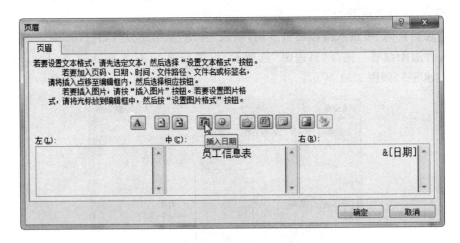

图 3-53　"页眉"设置

在页脚组合框中，单击下拉按钮，在列表框中，选择"第 1 页"，单击"确定"按钮。

（5）工作表设置。定位"工作表"选项卡，在"打印标题"组中，设置"顶端标题行"为第 1～2 行，如图 3-54 所示。

（6）分页预览。单击"视图"选项卡→"工作簿视图"组→"分页预览"，进入"分页预览"视图。在"分页预览"视图中，插入自动分页符，显示为蓝色虚线。用户可以插入手动分页，手动分页符显示为蓝色实线。如果之前没有设置调整为 1 个页宽，可以拖动分页符至数据最右边，使数据在 1 个页宽内，拖动后，自动分页符转换为手动分页符，如图 3-55 所示。

图 3-54 "工作表"选项卡

图 3-55 分页预览

　　页面布局。单击"视图"选项卡→"工作簿视图"组→"分页布局"，进入"分页布局"视图。在"分页布局"视图中，可以轻松地添加或更改页眉和页脚，使用标尺调节数据的宽度和高度，如图 3-56 所示。

　　打印预览。单击"文件"选项卡→"打印"，进入"打印"界面，单击页面右下角"显示边距"按钮和"缩放到页面"按钮，预览区显示边距及放大显示页面，如图 3-57 所示。

　　在预览区，可以拖放边界控点，更改各部分距离。单击底部"页面设置"按钮，进入"页面设置"对话框。

　　如果页面设置预览满意，则可单击"打印"按钮。

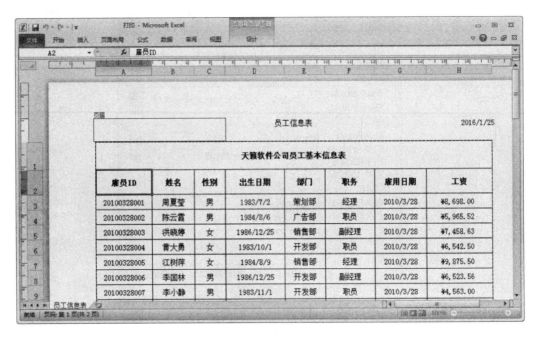

图 3-56　页面布局

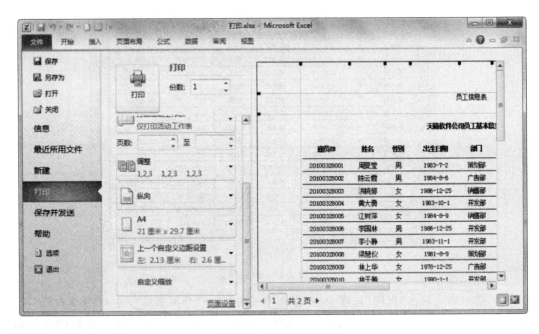

图 3-57　"打印"界面

项目 3　公式与函数

在工作表中,计算、统计等工作是普遍存在的,这些需要输入公式完成,公式通过计算后,返回计算结果,显示在公式所在的单元格。

知识要点

1. 公式

公式以"="开头,等号后是参与运算的常量、运算符、单元格引用和函数等。在默认设置下,单元格输入公式后,显示的是公式运行的结果,编辑栏显示的是公式本身。

2. 表达式

公式后面的式子,由常量、运算符、单元格引用和函数等组成,称为表达式。

3. 常量

常量是指在公式中不会发生变化的量,例如数字"30"、文本"计算机"、逻辑值"TRUE"等。

4. 运算符

运算符用于对公式中的操作数进行特定类型的运算。运算符包括4类,即算术运算符、文本链接运算符、关系运算符和引用运算符。

(1)算术运算符。算术运算符进行算术运算,参与运算是数字型数字,运算结果也是一个数字型数字,算术运算符含义及示例如表 3-4 所示,表中运算符按优先级先后排列。

表 3-4　算术运算符

运算符	含义	示例
−	负号	−A1
%	百分比	A1%、A1%＋A2
^	乘方运算	A1^2
+、−	加法运算、减法运算	A1＋A2、A1−A2
*、/	乘法运算、除法运算	A1 * A2、A1/A2

(2)文本链接运算符。文本链接运算符符号"&",合成左右两个字符串。公式中的参数如果是字符型常量,则必须加一对英文半角双引号("")。如果是数字,则自动转换为文本再连接。例如,"计算机" & 12,计算结果为 "计算机 12"。

(3)关系运算符。关系运算符是二元运算符,比较两个数据为同种类型,结果是一个逻辑值"TRUE"或"FALSE"。关系运算符的含义及示例如表 3-5 所示。

表 3-5　关系运算符

运算符	含义	示例
=	等于	A1＝A2
>、>=	大于、大于等于	A1＞A2、A3＞＝A4
<、<=	小于、小于等于	A1＜A2、A1＜＝A2
<>	不等于	A1＜＞A2

关系运算符运算优先级均相同,运算规则如表 3-6 所示。

表 3-6　关系运算符比较规则

二元对象	比较规则
数字	按数字大小比较
日期	按年月日顺序比较
字符串	按 ASCII 码顺序或汉字对应拼音顺序比较
逻辑值	TRUE 大于 FALSE

（4）引用运算符。引用运算符可以将单元格合并计算,包括空格、逗号和冒号。引用运算符为二元运算符,两边均为单元格名或区域名,运算结果为合并后的新区域。

引用运算符的符号及示例如表 3-7 所示。

表 3-7　引用运算符

运算符	含义	示例
:	区域运算符,产生一个对包括在两个引用之间的所有单元格的引用	A1:A5
,	联合运算符,将两个引用合并为一个引用,是两个引用的所有区域,如果两个引用中有重叠区域,则重复计算两次	A1:A2,A4:A6
（空格）	交集运算符,产生一个对两个引用中共有的引用	A1:A4 A3:A6

（5）运算次序。如果公式中同时用到多个运算符,Excel 将按如下顺序进行运算:

－（负号）、%、^、＊ 和/、＋ 和－（减号）、&、比较运算符（＝、＜、＞、＜＝、＞＝、＜＞）。如果公式包含相同优先级的运算符,则从左到右进行运算。

如果要改变运算过程的顺序,可将公式中要先计算的部分用括号括起来。

例如公式"＝（B4＋C4）/（D4－F4）",首先计算 B4＋C4,然后计算 D4－F4,前后计算结果再相除。

5. 单元格引用

在 Excel 中,数据都保存在单元格中,可以通过单元格的地址引用单元格数据,可以引用同表单元格,或者同工作簿不同表单元格,甚至不同工作簿中工作表单元格,达到数据共享的目的。单元格的引用分为相对引用、绝对引用、混合引用。

（1）相对引用。通过复制得到一组公式,在这组公式中,如果公式所在单元格与被引用单元格相对位置保持不变,则使用相对引用。如在公式"＝B3＊30％＋C3＊70％"中,B3、C3 单元格引用为相对引用。

相对引用是指公式复制到新单元格时,单元格引用随公式所在新单元格而变化,但始终维持公式新单元格与被引用的单元格之间的相互位置不变。

（2）绝对引用。通过复制得到一组公式,在这组公式中,如果需要引用某个固定单元格中的数据,则使用绝对引用。

绝对引用是指把公式复制到新位置时单元格引用保持不变。绝对引用的单元格形式是,在行号与列标前加"＄"符号,如"＄H＄3",符号"＄"像一条链条,锁住单元格的变化。

（3）混合引用。混合引用只保持行或列地址不变,即在一个单元地址中,既有相对地址又有绝对地址。即绝对列对相对行,或是绝对行对相对列,如"＄A1""A＄1"的形式。复制公式时,相对引用改变,而绝对引用不变。

(4)引用类型的判断。当输入公式后,如果单元格公式不需要复制到其他单元格,则采用相对引用;如果单元格公式还需要复制到其他单元格,则根据需要设置不同的引用类型。

当公式较复杂,用户难判断公式中单元格引用类型时,可采用下列方式,快速作出判断。

① 公式复制同行或同列。

由于公式复制同行或同列,公式中单元格的引用只考虑相对引用和绝对引用。

判断方法:在所有公式中,与公式保持相对位置不变的为相对引用;引用同一单元格为绝对引用。

② 公式复制不同行或不同列。

由于公式填充至不同行或不同列,公式中单元格的引用分别考虑相对引用、绝对引用和混合引用。

判断方法:在所有公式中,与公式保持相对位置不变的行或列,为相对行或相对列;引用同一行或列为绝对行或绝对列。

6.函数

函数是一些预定义的计算程序,是公式的组成部分,参与公式的计算,其功能是完成指定任务的计算。每个函数都有函数名和对应的参数,运算后,返回函数值,函数名、参数、返回值即为函数的三要素。

函数的一般格式:

函数名(<参数 1>,<参数 2>,<参数 3>,……)

(1)数学函数。常用数学函数如表 3-8 所示。

表 3-8　常用数学函数

函数名称及格式	功能
绝对值函数 ABS(Number	返回 Number 参数的绝对值
取整函数 INT(Number)	将 Number 参数向左取整为最接近或相等的整数
四舍五入函数 ROUND(Number,Num_digits)	ROUND 函数是对 Number 参数按 Num_digits 参数的位数进行四舍五入,注意此参数不能省略,没有默认值。如果 Num_digits 等于 0,则四舍五入到最接近的整数。如果 Num_digits 小于 0,则在小数点左侧进行四舍五入
平方根函数 SQRT(Number)	计算参数 Number 的平方根
圆周率函数 PI()	返回圆周率 π 的数值,是个无参函数
随机函数 RAND()	随机产生一个大于等于 0 及小于 1 的数,注意产生的随机数可以等于 0,但不会等于 1。每次打开工作簿时都会更新结果
求和函数 SUM(Number1,Number2;…)	返回所有参数 Number1、Number2…的和
条件求和函数 SUMIF(Range,Criteria,Sum_range)	根据指定的条件,对指定的单元格区域求和

（2）统计函数。常用统计函数如表 3-9 所示。

表 3-9　常用统计函数

函数名称及格式	功能
平均值函数 AVERAGE（Number1，Number2，…）	求算术平均值，如果参数引用的单元格内有文本、逻辑值，或者是空白的单元格，则这些单元格忽略不计
计数函数 COUNT（Value1，Value2，…） COUNTA（Value1，Value2，…）	都是用于统计个数。 COUNT 函数是统计引用参数内数值型的单元格个数； COUNTA 函数统计非空单元格的个数，不考虑单元格是什么数据类型
条件计数函数 COUNTIF（Range，Criteria）	条件计数函数，计算在 Range 范围内符合 Criteria 条件的单元格数目
最大值函数 MAX（Number1，Number2，…）	MAX 函数返回参数中的最大值
最小值函数 MIN（Number1，Number2，…）	MIN 函数返回参数中的最小值
排位函数 RANK. EQ（Number，Ref，Order）	返回指定数字在一列数字中相对于其他数值的大小排名，如果多个数值排名相同，则返回该组数值的最佳排名
频率分布函数 FREQUENCY（Data_array，Bins_array）	按照 Bins_array 参数设置的间隔，计算 Data_array 参数所在数据的频率分布

（3）日期时间函数。常用日期时间函数如表 3-10 所示。

表 3-10　日期时间函数

函数名称及格式	功能
年月日转换为日期函数 DATE（Year，Month，Day）	返回年月日组合的日期，如果输入的 Month 值超出了 12，Day 值超出了该月的最大天数时，函数会自动顺延
时分秒转换为时间函数 TIME（Hour，Minute，Second）	返回时分秒组合的时间，时间也可以以小数形式显示
日期转换为年月日 YAER（Serial_number） MONTH（Serial_number） DAY（Serial_number）	分别返回序列数的年、月、日
日期转换为时分秒 HOUR（Serial_number） MINUTE（Serial_number） SECOND（Serial_number）	分别返回序列数的时、分、秒
系统日期时间函数 NOW（）	返回当前日期和时间
系统日期函数 TODAY（）	返回当前日期

（4）文本函数。常用文本函数如表 3-11 所示。

表 3-11　文本函数

函数名称及格式	功能
左截取函数 LEFT(Text,Num_chars)	从左起截取 Num_chars 个字符。 一个汉字、一个数字等符号，都只计算为一个字符
右截取函数 RIGHT(Text,Num_chars)	从右起截取 Num_chars 个字符。 一个汉字、一个数字等符号，都只计算为一个字符
中间截取函数 MID(Text,Start_num,Num_chars)	返回字符串参数 Text 中从 Start_num 位置开始的 Num_chars 个字符
文本的长度 LEN(Text)	返回文本字符串中的字符个数。文本字符不区分中英文，每个字符计算为 1,包括空格

（5）逻辑函数。常用逻辑函数如表 3-12 所示。

表 3-12　逻辑函数

函数名称及格式	功能
逻辑非 NOT(Logical)	对参数求相反的逻辑值,即如果参数值为 FALSE,则 NOT 函数返回 TRUE;如果参数值为 TRUE,则 NOT 函数返回 FALSE
逻辑与 AND(Logical,Logical2,……)	在所有参数中,只要有一个参数的逻辑值为 FALSE,则结果为 FALSE;如果所有参数的逻辑值都为 TRUE,结果才为 TRUE。 函数的参数必须为逻辑值(TRUE 或 FALSE),如果引用参数中包含文本或空白单元格,则这些单元格会被忽略不计。 注意:对于数值的逻辑值,如果数值为"0",则逻辑值为"TRUE",否则为"FALSE"
逻辑或 OR(Logical1,Logical2,……)	在所有参数中,只要有一个参数的逻辑值为 TRUE,则结果为 TRUE;如果所有参数的逻辑值都为 FALSE,结果才为 FALSE。 函数的参数必须是逻辑值(TRUE 或 FALSE),如果引用参数中包含文本或空白单元格,则这些单元格会被忽略不计
条件 IF(Logical_test,Value_if_true, Value_if_false)	Logical_test 参数是一个结果为 TRUE 或 FALSE 的表达式,如果其结果为 TRUE,则该函数返回 Value_if_true;否则返回 Value_if_false

7. 错误信息

Excel 2010 在处理数据时,如果操作不当就会产生错误,相应的单元格会出现以"＃"开头的错误信息提示。主要的错误提示及原因如表 3-13 所示。

表 3-13　错误提示信

错误信息	错误原因
＃＃＃＃＃	表示列宽不够,或者日期或时间结果出现负值
＃DIV/0!	表示有空白单元格或零值单元格出现在除数中,需要检查更改
＃NAME?	表示使用了不能识别的文本
＃N/A	表示引用单元格中没有可用的数据

续表

错误信息	错误原因
♯NULL!	表示空单元格或引用了不正确的单元格
♯VALUE	表示操作数类型与运算符要求不匹配
♯NUM!	表示数据超出了范围或使用无效数字值
♯REF!	表示单元格引用无效

图 3-58　错误信息

出现错误提示信息的单元格(但♯♯♯♯除外)左上角有一个绿色的小三角符号,选择该单元格,左边或右边出现一个黄色边框警告按钮,单击该按钮,弹出下拉列表,用于检查、修正错误,如图 3-58 所示。如果选择"忽略错误",消除绿色小三角符号,警告随之取消。

任务 1　公式输入

1. 公式输入与复制

打开"公式与函数"工作簿,在"公式"工作表中,完成下列公式的输入,如图 3-59 所示。

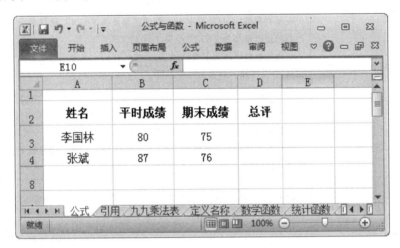

图 3-59　"公式"工作表

(1) 输入公式,D3=平时成绩×30%+期末成绩×70%。

(2) 复制公式,复制 D3 公式至 D4。

操作步骤:

(1) 输入公式,选择 D3,输入"=B3*30%+C3*70%";或者输入"=",选择 B3 单元格,输入"*30%+",选择 C3,输入"*70%"(在公式输入过程中,选择单击单元格获取单元格地址比直接输入方便且不易出错),按 Enter 键,或者单击编辑栏左侧的"√"确定按钮。

D3 单元格中显示公式计算结果,在编辑栏中显示当前单元格的公式,如图 3-60 所示。

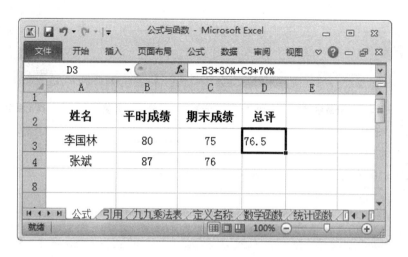

图 3-60 输入总评公式

（2）复制公式，选择 D3，单击"开始"选项卡→"剪贴板"→"复制"，选择 D4，单击"开始"选项卡→"剪贴板"→"粘贴"。

提示：

双击公式所在单元格，单元格处于编辑状态，可以看到被该公式引用的所有单元格或单元格区域将以不同的颜色显示在公式单元格中，并在相应的单元格或单元格区域显示相同颜色的边框，便于用户检查并修改单元格或单元格区域的引用，如图 3-61 所示。

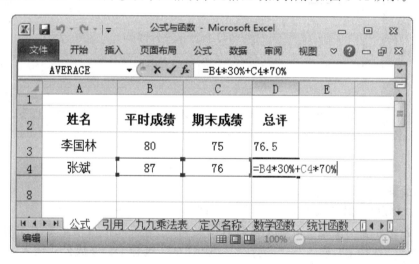

图 3-61 输入及格否公式

2. 单元格引用

打开"公式与函数"工作簿，完成以下操作。

（1）在"引用"工作表中，计算总分和差值，差值＝理论总分－总分，如图 3-62 所示。

（2）在"九九乘法表"工作表中，制作"九九乘法表"，如图 3-63 所示。

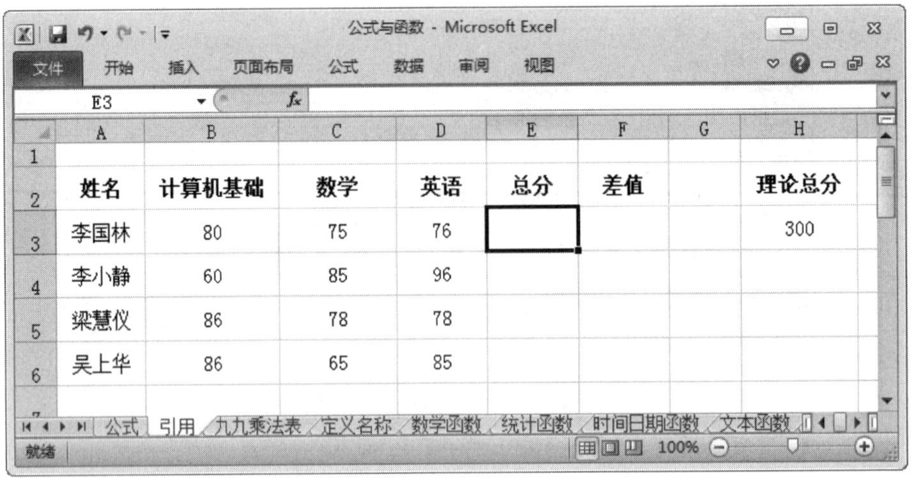

图 3-62　公式输入

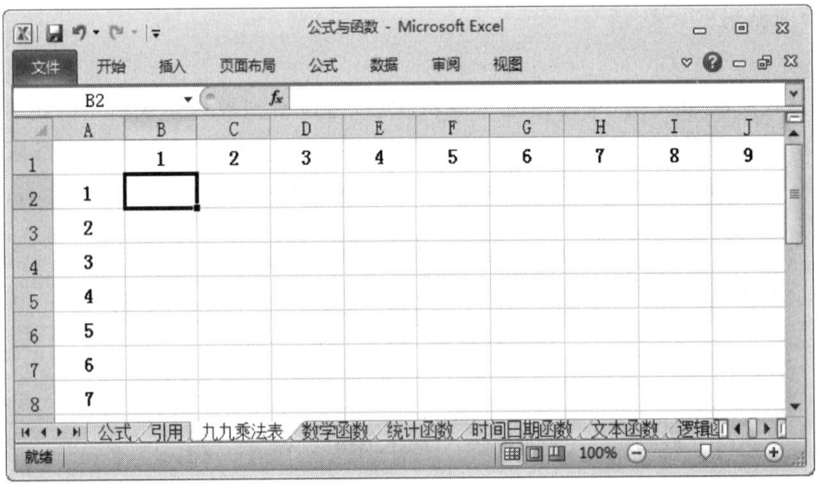

图 3-63　九九乘法公式

操作步骤：

（1）计算总分，其公式为 E3＝B3＋C3＋D3。

由于各总分等于左边三个单元格的引用之和，三个单元格引用是采用相对引用，选择 E3，输入"＝"，选择 B3，输入"＋"，选择 C3，输入"＋"，选择 D3，完成公式输入。选择 E3，按住填充柄，拖动至 E6。

计算差值，其公式为 F3＝＄H＄3－E3。

由于各差值等于理论总分引用减各总分引用，理论总分为固定单元格，采用绝对引用，总分是变化单元格，采用相对引用。选择 F3，输入"＝"，选择 H3，按 F4 键，转换为"＄H＄3"，输入"－"，选择 E3，完成公式输入。选择 F3，按住填充柄，拖动至 F6。

（2）九九乘法表。

分析：

由于公式需要复制不同行、不同列，单元格引用行与列分别考虑相对与绝对关系。以

C2 单元公式为例,分析如下:

C 2	=	A	2	*	B	1
变化规则		所有公式引用	与公式同行		与公式同列	所有公式引用
引用类型		绝对引用列	相对引用行		相对引用列	绝对引用行

选择 B2 单元格,输入公式"=＄A2＊B＄1",并先列后行或先行后列填充所有数据区域。如图 3-64 所示。

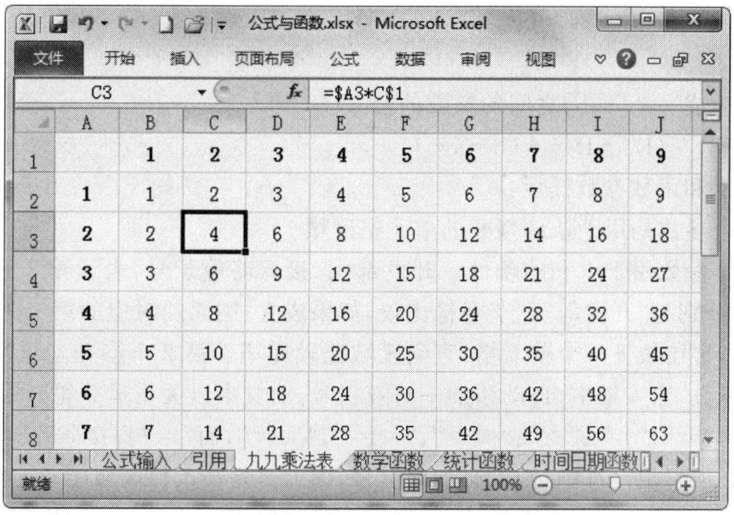

图 3-64　九九乘法表公式的输入

任务 2　数学函数

在"数学函数"工作表,完成函数的输入,原始数据如图 3-65 所示。

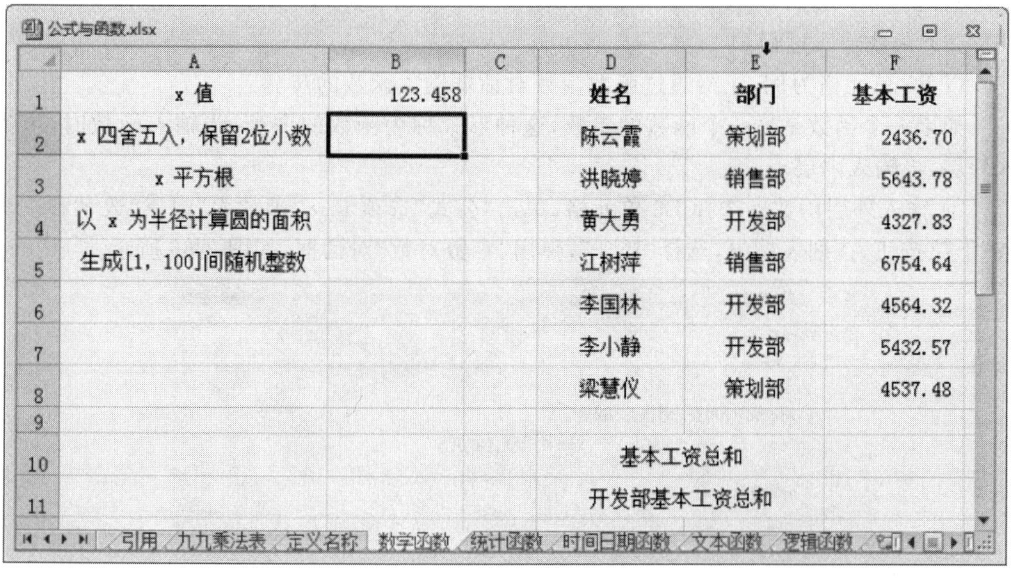

图 3-65　"数学函数"工作表

操作步骤：

（1）各单元格函数如下：

B2＝ROUND(B1)

B3＝SQRT(B1)

B4＝B1 * B1 * PI()

B5＝INT(RAND() * 100)＋1

F10＝SUM(F2:F8)

F11＝SUMIF(E2:E8,"开发部",F2:F8)

提示：

① 随机生成一个[a,b]之间的整数的公式

公式为＝INT(RAND() * (b－a＋1)＋a

② 条件求和函数参数提示：

• 第1个参数是用于条件判断的单元格区域。。

• 第2个参数用于求和的条件,"开发部"直接省略等于号,表示第1个参数区域中每一个单元格,分别与"开发部"三个字符比较,如果成立,则累加对应的第3个参数值,如果不成立,则跳过,再比较下一个单元格,直到区域比较完毕。第2个参数实质上是一个文本参数,在"函数参数"输入框中,自动添加一对双引号,而文本以关系运算符开始的关系表达式,关系运算符为"＝"、"＜"、"＞"、"＜＞"、"＜＝"、"＞＝",而"＝"直接省略。特别注意的是,条件表达式如果引用字符串,则不必加双引号,因为这是与条件区域中单元格字符直接进行比较,而单元格字符是没有双引号的;字符串中可以使用"＊"、"?"达到模糊匹配的目的。如"开发部"、"开＊"、"开??"相当于"开发部"。这里的双引号,是条件表达式所需双引号,只是省略了"＝",而不是字符本身的双引号,字符本身在条件中,不需要添加双引号。

• 第3个参数和求和单元格,如果省略,则与第一个区域相同。即直接对满足条件的数据求和。在求和单元格的引用中,只计算数值型的数据,不计算空白单元格、逻辑值、字符型的数值。

（2）函数输入过程：

以 B5 单元格为例,介绍通过函数参数对话框输入函数的步骤。

如果一个函数是另一个函数的参数,这种形式称为函数的嵌套,当输入函数时,应先输入外层,再输入内层。

① 输入外层函数。选择 B5 单元格,单击"公式"选项卡→"函数库"组→"数学和三角函数"下拉按钮,在列表框中,选择"INT",弹出"参数对数"对话框,如图 3-66 所示。

图 3-66　"函数参数"对话框

② 输入嵌套的内层函数。单击"名称框"下拉按钮(公式编辑状态,名称框转换为函数列表框),在函数列表框中,选择"其他函数",弹出"插入函数"对话框,选择类别"数学与三角函数",在"选择函数"列表框中,选择"RAND"函数,如图 3-67 所示。

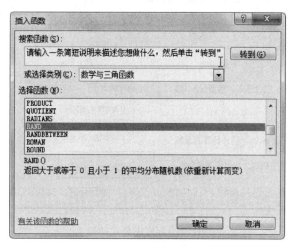

图 3-67　"插入函数"对话框

③ 单击"确定"按钮,弹出"函数参数"对话框,如图 3-68 所示,此时,不要单击"确定"按钮,如果单击,就结束了整个函数的输入。

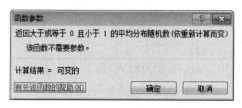

图 3-68　"函数参数"对话框

④ 单击外层"INT"函数名,返回 INT"函数参数"对话框,在 Number 文本框中,接着输入" * 100",如图 3-69 所示。

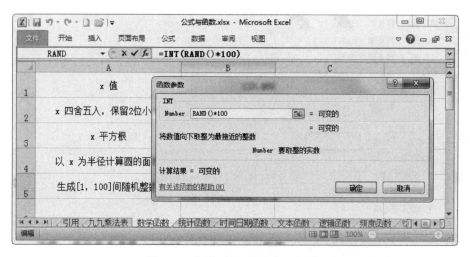

图 3-69　切换到"函数参数"对话框

⑤ 单击"编辑栏",接着输入"＋1",单击"函数参数"对话框中的"确定"按钮,完成公式的输入,如图 3-70 所示。

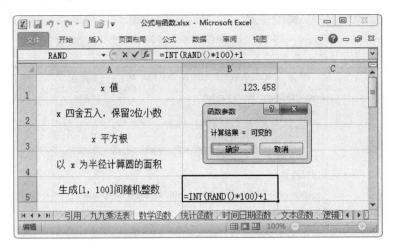

图 3-70　完成公式的输入

提示:

双击公式所在单元格,进入公式编辑状态,在编辑栏中,单击函数名,再单击"插入函数"按钮,弹出对应函数的"函数参数"对话框。单击公式中不同的函数名,"函数参数"对话框随之切换。

任务 3　统计函数

在"统计函数"工作表中,完成函数的输入,原始数据如图 3-71 所示。

	A	B	C	D	E	F	G	H
1	姓名	部门	基本工资	排序(降序)		分数段	分界值	统计数
2	陈云霞	策划部	2436.70			<1000		
3	洪晓婷	销售部	5643.78			>=1000,<2000		
4	黄大勇	开发部	4327.83			>=2000,<3000		
5	江树萍	销售部	6754.64			>=3000,<4000		
6	李国林	开发部	3564.32			>=4000,<5000		
7	李小静	开发部	1432.57			>=5000		
8	梁慧仪	策划部	4537.48					
9								
10	基本工资平均值							
11	发放工资的人数							
12	开发部的人数							
13	基本工资最大值							
14	基本工资最小值							

图 3-71　"统计函数"工作表

操作步骤：

（1）各单元格函数如下：

基本工资平均值　　C10 ＝ AVERAGE(C2:C8)

发放工资的人数　　C11 ＝ CONUT(C2:C8)

开发部的人数　　　C12 ＝COUNTIF(B2:B8,"开发部")

基本工资最大值　　C13 ＝ MAX(C2:C8)

基本工资最小值　　C14 ＝ MIN(C2:C8)

排序　　　　　　　D2 ＝RANK.EQ(C2,$C$2:$C$8)

统计数　　　　　　{H2:H7}　{ ＝FREQUENCY(C2:C8,G2:G6)}

提示：

① 排序函数参数说明：

• 第1个参数为参与排序的单元格,是第2个参数区域中其中一个单元格。

• 第2个参数是参与排序的所有单元格构成的区域。如果公式需要填充,第2个参数必须转换为绝对引用,这是因为对参与排序的单元格而言,参与排序的所有单元区域是固定不变的。如果有数值相同,共同取这个数值的最佳排名,下个排名次跳过上个数重复次数。

• 第3个参数是一个数字,指明排位的方式,如果为0或省略,将Ref按降序排列,如果不为0,将Ref按升序排列。

② 频度函数参数说明：

• 第1个参数是统计的区域。

• 第2个参数是统计间隔点,在同一列中输入,要求从小到大设置,所表示的范围是小于或等于。例如,x1,x2,x3表示小于等于x1,大于x1小于等于x2,大于x2小于等于x3,大于x3。

• 函数的返回值是一组数,故在输入公式之前要选择一个区域,区域范围比 Bins_array 参数向下多一个单元格。公式输入完成后要按"Ctrl＋Shift＋Enter"键,而不是按"Enter"键,也不是单击"确定"按钮。

（2）函数输入。以频率分布函数为例,说明函数的输入。

操作步骤：

① 确定分段值,分段值是对应区域的最大值,对于"基本工资",由于只需两位小数,各段的最大值即分段值分别为 999.99,1999.99,2999.99,3999.99,4999.99,表示6分段,最后1个分段是默认的,表示大于最后一个分段值情形,不必输入,如图3-72所示。

② 输入函数,选择 H2:H7 区域(比分段区域向下多一个单元格),单击"公式"选项卡→"函数库"组→"其他函数"下拉按钮,在函数列表框中,选择"统计"→"FREQUENCY",弹出"函数参数"对话框,Data_array 参数为统计数的区域,Bins_array 参数为分段区域,如图3-73所示。

③ 按"Ctrl＋Shift＋Enter"键,结束公式的输入。切记不要单击"确定"按钮。

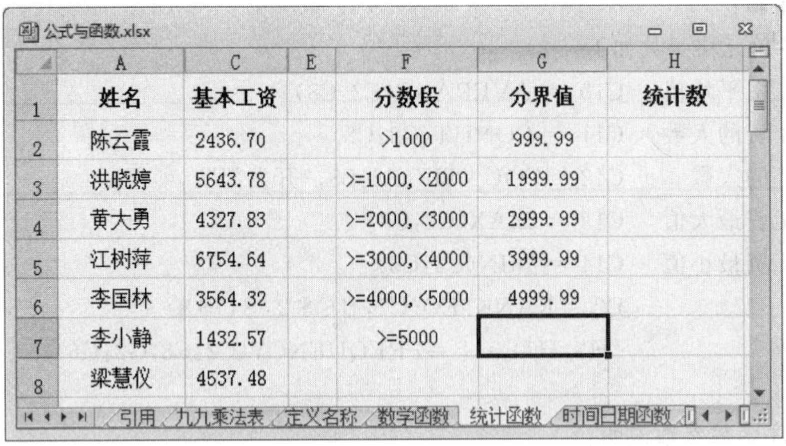

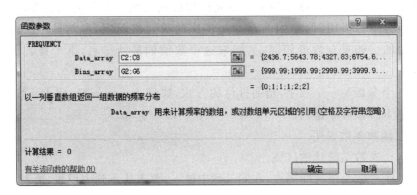

图 3-72 频率分布函数输入

图 3-73 "函数参数"对话框

任务 4 日期时间函数

在"日期时间函数"工作表中,完成函数的输入,原始数据如图 3-74 所示。

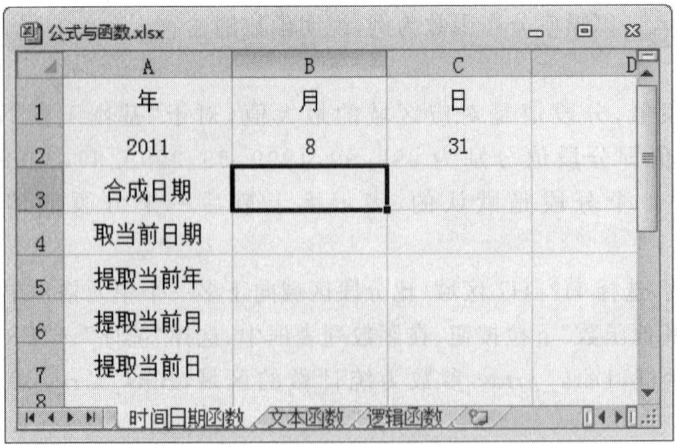

图 3-74 "日期时间函数"工作表

操作步骤：

各单元格函数如下：

合成日期　　B3 ＝ DATE(A2,B2,C2)

取当前日期　B4 ＝ TODAY(B4)

提取当前年　B5 ＝ YEAR(B4)

提取当前月　B6 ＝ MONTH(B4)

提取当前日　B7 ＝ DAY(B4)

任务5　文本函数

在"文本函数"工作表中，完成函数的输入，原始数据如图 3-75 所示。

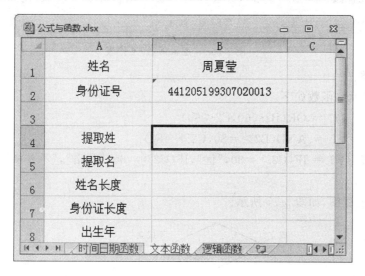

图 3-75　"文本函数"工作表

操作步骤：

各单元格函数输入如下：

提取姓　　　B4 ＝ LEFT(B1,1)

提取名　　　B5 ＝ RIGHT(B1,2)

姓名长度　　B6 ＝ LEN(B1)

身份证长度 B7 ＝ LEN(B2)

出生年　　　B8 ＝ MID(B2,7,4)

任务6　逻辑函数

在"逻辑函数"工作表中，完成函数的输入，原始数据如图 3-76 所示。要求如下：

（1）需补考：只要有一门功课不及格，就需要补考，用逻辑值 TRUE 表示，否则用 FALSE 表示。

（2）优：每门功课大于等于 80 分，为优，用逻辑值 TRUE 表示，否则用 FALSE 表示。

（3）英语等级：英语分数大于等于 80 分，为"优"；大于等于 60 分小于 80 分，为"及格"；小于 60 分为"不及格"。

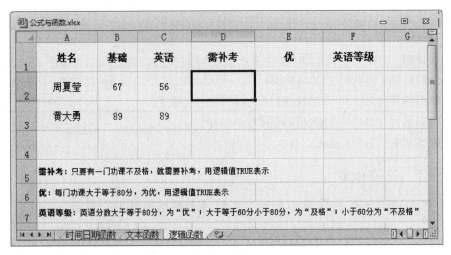

图 3-76 "逻辑函数"工作表

操作步骤：

（1）各单元格函数如下。

需补考　　　D2 ＝ OR(B2＜60,C2＜60)

计算优　　　E2 ＝ AND(B2>=80,C2>=80)

英语等级　　F2 ＝ IF(C2>=80,"优",IF(C2>=60,"及格","不及格"))

提示：

IF 函数流程图，如图 3-77 所示。

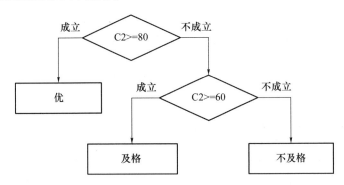

图 3-77 IF 函数流程图

根据流程图，写出函数计算公式，"=IF(C2>=80,"优",IF(C2>=60,"及格","不及格"))"，其中倾斜加下划线的是内层嵌套条件函数。

（2）使用函数向导输入 IF 函数。

① 选择单元格 F2，单击"公式"选项卡→"函数库"组→"逻辑"下拉按钮，在函数列表框中，选择"IF"；或直接输入"=IF()"，单击编辑栏的"插入函数"按钮，弹出"函数参数"对话框，如图 3-78 所示。

② 定位"Logical_test"文本框，单击"B2"，获取 B2 引用，接着输入">=80"。

定位"Value_if_true"文本框，输入"优"，系统自动添加双引号。

定位"Value_if_false"文本框，输入"if()"，如图 3-79 所示。

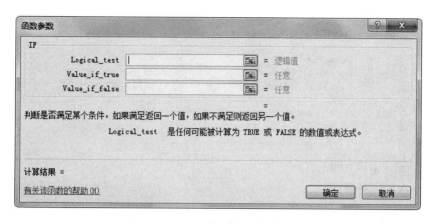

图 3-78 "函数参数"对话框

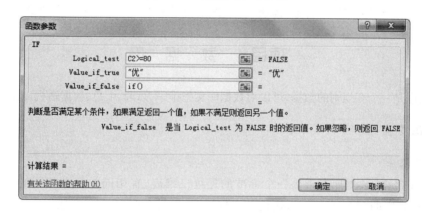

图 3-79 外层函数参数的输入

③ 切记不要单击"确定"按钮,否则结束函数的输入,单击编辑栏中内嵌的"IF()"函数名,即外层 IF 函数的第三个参数,进入内层的 IF 函数"函数参数"输入对话框,输入对应参数,如图 3-80 所示。

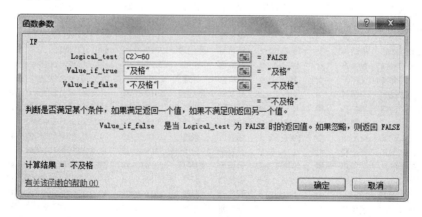

图 3-80 内层"函数参数"对话框

④ 在编辑栏中,单击内外层函数名,进入对应的"函数参数"对话框,如单击外层 IF 函数的名,进入外层 IF"函数参数"对话框,如图 3-81 所示。

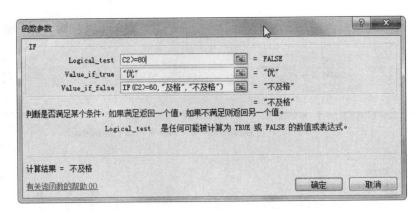

图 3-81　内外层"函数参数"输入框的切换

⑤ 确定无误后,单击"确定"按钮,或单击编辑栏上的"√",完成公式的输入。

项目 4　数　据　库

数据库是一个有规则的数据,可以对数据库实施排序、筛选、汇总、数据透视以及图表操作。

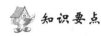 知识要点

1. 数据库

在 Excel 中,数据库表现为一个标准的连续二维表,有相同的行和相同的列。例如"数据库"工作表中的 A3:I18 区域,就是一个数据表,如图 3-82 所示。在数据表中,第一行为字段,也称为标题,不能重复,其余各行为具体数据,称为记录。

员工编号	姓名	性别	出生日期	部门	职务	入职日期	身份证号	工资
20100328001	周夏莹	男	1983-7-2	销售部	经理	2010-3-28	421205198307020013	¥8,698.00
20100328002	陈云霞	男	1984-8-6	销售部	职员	2010-3-28	430208198408060023	¥5,965.52
20100328003	洪晓婷	女	1986-12-25	销售部	副经理	2010-3-28	440101198612250031	¥7,458.63
20100328004	黄大勇	女	1983-10-1	开发部	职员	2010-3-28	421205198310010022	¥6,542.50
20100328005	江树萍	女	1984-8-9	销售部	经理	2010-3-28	430210198408090303	¥9,875.50
20100328006	李国林	男	1986-12-25	开发部	副经理	2010-3-28	440101198612250031	¥6,523.56
20100328007	李小静	男	1983-11-1	开发部	职员	2010-3-28	421205198311010032	¥4,563.00
20100328008	梁慧仪	女	1981-8-9	销售部	职员	2010-3-28	430210198108090403	¥4,563.52
20100328009	林上华	女	1978-12-25	销售部	职员	2010-3-28	440101197812250021	¥3,658.63
20100328010	林于腾	男	1990-1-1	开发部	职员	2010-3-28	421205199001010501	¥4,569.58
20100328011	凌绮琪	男	1976-12-25	销售部	副经理	2010-3-28	440101197612250011	¥8,698.23
20100928001	刘林	女	1988-10-5	销售部	职员	2010-9-28	421205198810050022	¥5,965.52
20100928002	卢茜	女	1978-8-9	开发部	职员	2010-9-28	430210197808090023	¥5,458.63
20100928003	吕怡玲	女	1986-12-25	策划部	职员	2010-9-28	440101198612250041	¥6,542.52
20100928004	马盼盼	男	1988-5-2	销售部	经理	2010-9-28	421205198805021231	¥9,875.60

图 3-82　数据库

（1）字段。数据库中任一列的第一行称为字段,如"数据库"工作表中的"员工编号""姓名"等都是字段,字段包括字段名、字段值和字段类型。

字段名:数据表中每列的第一行单元格文本为该列字段名或标题名。

字段值:即字段的取值,数据表中每列除第一行字段名外的其他数据都是该字段的取值,即字段值。可以把字段作为变量,其值就是数据表中同列数据。

字段类型:即数字的类型,主要有文本型、数字型、逻辑型、日期时间型等,数据表中同列的字段类型应一致。

（2）记录。数据库中除第一行字段外,其他的每一行称为一条记录。它反映的是同一个对象的相关信息(即字段信息的集合),记录是一个整体,在进行数据库的操作时,以记录为单位。

2. 数据库函数

数据库函数的主要作用是对数据库进行统计计算,数据库函数具有统一的格式,格式为:

函数名(Database,Field,Criteria)

Database 为区域引用,引用整个数据库区域。

Field 为单元格引用,引用要统计的字段。

Criteria 为条件区域。条件区域是用户在工作表中自定义的一个区域,一般位于数据库的下面或右边,与数据库之间有空行或空列相隔。其作用是对满足条件的记录实施函数运算,条件是对数据库中记录的筛选,与数据库中的一个或多个字段值有关。

常用数据库函数如下。

数据库统计函数:DCOUNT(Database,Field,Crieria)

数据库统计函数:DCOUNTA(Database,Field,Crieria)

数据库求和函数:DSUM(Database,Field,Crieria)

数据库求平均值函数:DAVERAGE(Database,Field,Crieria)

数据库最大值函数:DMAX(Database,Field,Crieria)

数据库最小值函数:DMIN(Database,Field,Crieria)

3. 数据排序

排序是指以一个或多个字段构成一定规则重新排列记录。排序字段称为"关键字",分为主要关键字、次要关键字和第三关键字。主要关键字优先,其次为次要关键字,最后为第三关键字。即只有当主要关键字相同时才考虑次要关键字,当次要关键字相同时才考虑第三关键字。

排序规则如表 3-14 所示。

表 3-14　排序规则

数据	排序规则
数值	按数值大小
字母	按字典顺序,默认为大小写等同,可在"排序选项"对话框中选择区分大小写
汉字	默认为按拼音顺序,可在"排序选项"对话框中选择按拼音或笔画顺序
混合	升序为"数字""字母""汉字"
逻辑值	"FALSE"小于"TRUE"
自定义序列	自定义序列的顺序为降序
空白单元格	空白单元格始终排在最后

4. 数据筛选

筛选操作是先设置一定的条件,将数据库中符合条件的记录显示出来,不符合条件的记录则隐藏,便于查看。条件有一个字段的条件或者多个字段的条件组合。

5. 分类汇总

分类汇总就是按数据库的指定字段进行分类(排序),然后再对同一类别的指定字段实施规定的计算,即分类汇总包括分类与汇总两步操作。分类后,主要关键字相同记录组合在一起,即分类;汇总即对每类求和、计数、求平均值等统计。分类汇总的结果分级显示。

一级分类汇总涉及一个分类字段与若干个汇总字段,分类字段选择具有重复的值的字段,如"部门"、"职务"等。

二级嵌套的分类汇总则需要两个有重复值的分类字符,先按主要关键字分大类,在每个大类下,再按次要关键字分小类。

6. 数据透视表

数据透视表是一个功能强大的数据汇总工具,用来将数据库中相关的信息进行分类统计,并以二维表格的形式显示。

数据透视表的第一行和第一列由数据库中的两列字段值提供,且行列可以转换;表中的数值是数据库中数据的汇总。当改变数据库中的数据时,透视表中的数据也同步更新。

7. 图表

图表是工作表数据的图形表示,可以直观、方便地查看数据的差异和预测趋势等信息。

一个图表的建立,需要数据库表的若干个字段组合(表中的第一行)作为列,以及一个字段若干值的组合作为行,以其中一个行或列作为分类轴,另一个列或行作为类中元素,以图形式,显示每类中每个元素的统计值。

(1)图表类型。Excel 2010提供了多种图表类型及自定义类型,每种图表类型有多种子类型,子类型中又可分为平面图表和三维立体图表。在创建图表时,要根据数据所代表的信息选择适当的图片类型,以便让图表更直观地反映数据,常用的图表类型有柱形图、条形图、饼图、圆环图、折线图、面积图、XY散点图。

(2)图表的组成。图表的组成如图3-83所示。

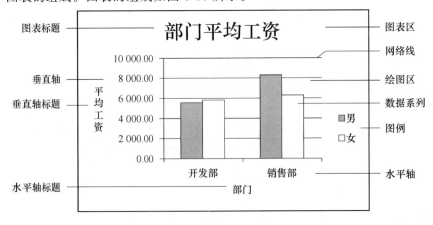

图3-83 图表的组成

① 图表区。整个图表及全部元素,当光标移至图表的空白处,可以选择图表区。

② 坐标轴。图表绘图区用作度量参照的边界。二维图表的 Y 轴(垂直轴)或三维图表的 Z 轴通常为数值轴,包含数据,二维图表的 X 轴(水平轴)或三维图表的 X、Y 轴通常为分类轴。

③ 绘图区。在二维图表中,以坐标轴为界并包含所有数据系列的区域为绘图区。在三维图表中,此区域以坐标轴为界并包含数据系列、分类名称、刻度线标签和坐标轴标题。

④ 数据系列。在图表中绘制的相关数据点,这些数据源自数据表的行或列。图表中的每个数据系列具有唯一的颜色或图案并且在图表的图例中表示。可以在图表中绘制一个或多个数据系列。注意:饼图只有一个数据系列。

⑤ 网格线。可添加到图表中以便于查看和计算数据的线条称为网格线。网格线是坐标轴上刻度线的延伸,并穿越绘图区。

⑥ 图例。图例是一个方框,用于显示图表中的数据系列或分类指定的图案或颜色。

⑦ 图表标题。图表标题一般置于图表正右上方,用于表示图表的名称。

任务1 数据库函数

打开"数据库应用",在"数据库函数"工作表中,完成统计计算,原始数据如图 3-84 所示。

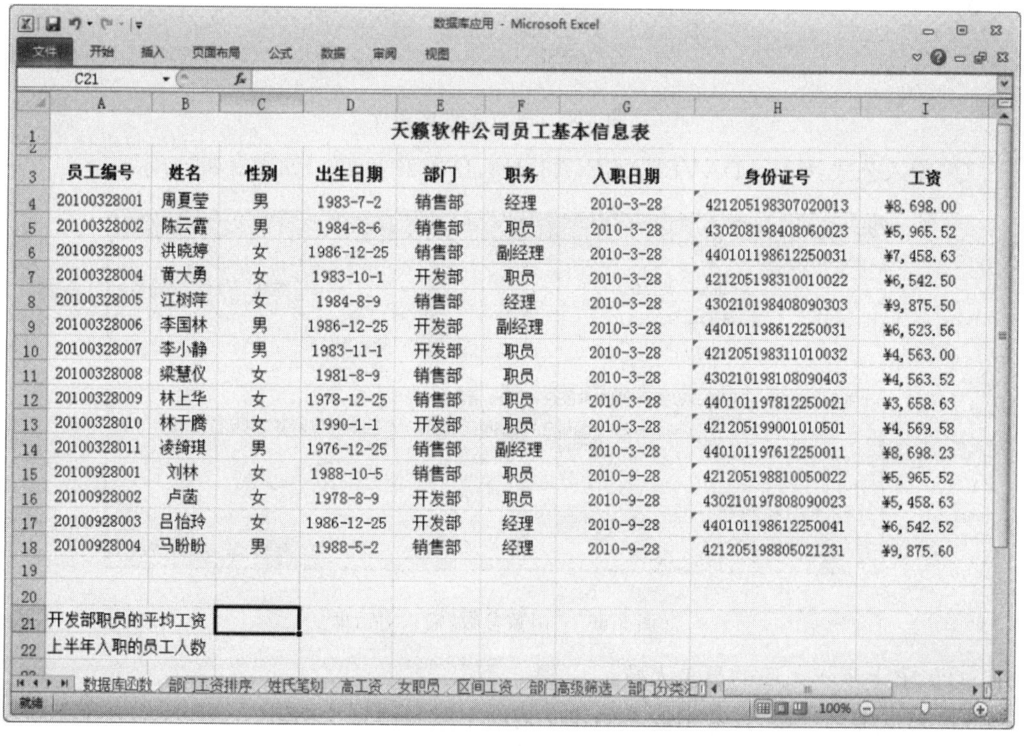

图 3-84 "数据库函数"工作表

(1) 在 C21 单元格中,以"员工编号"为计算字段,计算所有上半年入职的员工人数(即 1~6 月入职的人数)。

（2）在 C22 单元格中，计算开发部职员的平均工资。

操作步骤：

（1）开发部职员的平均工资。

① 建立条件区，条件：部门＝"开发部"与 职务＝"职员"，条件区域如图 3-85 所示。

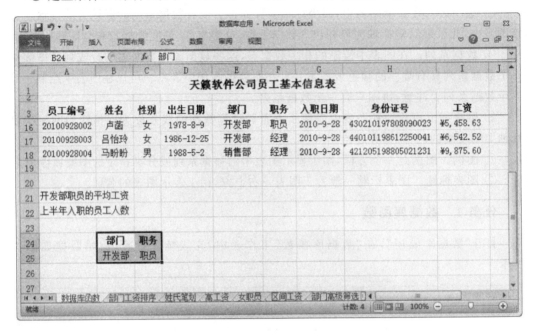

图 3-85　建立条件区建立

② 输入公式：C21＝DAVERAGE(A3:I18,I3,C25:D26)，如图 3-86 所示。

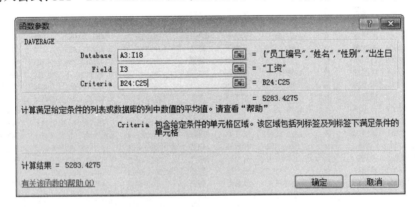

图 3-86　"函数参数"输入对话框

（2）求上半年入职的员工人数。

① 建立辅助字段，在数据表右侧建立辅助字段"月"。

输入公式"J4＝ ＝MONTH(G4)"，从入职日期中提取月份并填充。

② 以"月"字段建立比较条件区，条件为"月＜＝6"，即上半年入职的员，条件区域如图 3-87 所示。

③ 输入公式：C22 ＝DCOUNTA(A3:J18,A3,E24:E25)，如图 3-88 所示。

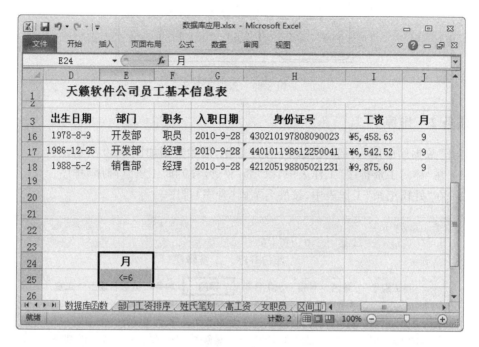

图 3-87 条件区域

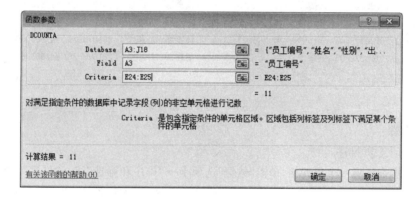

图 3-88 "函数参数"对话框

提示:

数据库函数有三个参数,一是指定数据库表区域;二是指定计算字段;三是条件区域。

(1)数据表区域,直接引用单元格区域。

(2)计算字段,用字段所在的单元格引用表示。

(3)条件区域,如果给定条件间接使用字段值,添加辅助字段,对辅助字段求值后,使用辅助作为建立条件。

条件区第一行是字段名,字段名下面的行是以关系运算符开始(等于号省略)的条件表达式。

多字段条件的规则是:同行的条件构成"与"关系,不同行的条件构成"或"的关系。

例如,如图 3-89 所示,表示开发部职员或销售部全体员工(左);表示工资大于等于4000、小于 5000(中);表示经理或副经理(右)。

图 3-89 条件区含义

任务 2　排序

打开"数据库应用"文档,完成以下排序操作,原始数据如图 3-90 所示。

(1) 在"部门工资排序"工作表中,以"部门"(升序)和"工资"(降序)排序。

(2) 在"姓氏笔画"工作表中,按姓名笔画(升序)排序。

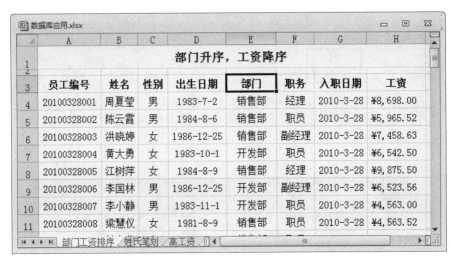

图 3-90 排序原始数据

操作步骤:

(1) 部门工资排序。

定位数据表任意一个单元格,单击"数据"选项卡→"排序和筛选"组→"排序",弹出"排序"对话框,在"主要关键字"行依次选择"部门""数值""升序";单击"添加条件",在"次要关键字"行依次选择"工资"、"数值"、"降序";单击"确定"按钮,如图 3-91 所示,排序效果如图 3-92 所示。

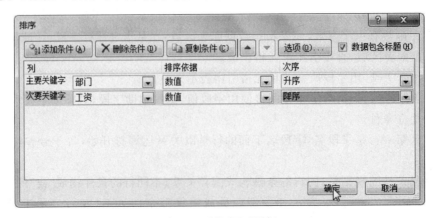

图 3-91 "排序"对话框

图 3-92 排序结果

（2）姓氏排序。

① 定位于数据表任一单元格，单击"数据"选项卡→"排序和筛选"组→"排序"，弹出"排序"对话框，在"主要关键字"行，依次选择"姓名"，"数值"、"升序"，如图 3-93 所示。

图 3-93 "排序"对话框

② 单击"选项"按钮，弹出"排序选项"对话框，在"方法"组中，选中"笔画排序"，如图 3-94 所示，单击"确定"按钮，返回"排序"对话框，单击"确定"按钮。排序结果如图 3-95 所示。

图 3-94 "排序选项"对话框

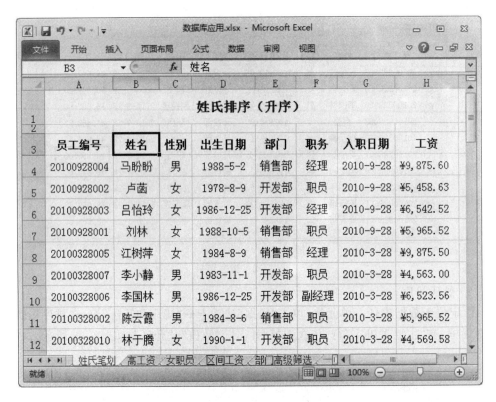

图 3-95　排序结果

提示：

多字段排序，先主要关键字，后次要关键字排序，主关键字起到分类的作用，即相同的值组合在一起，构成一类，次关键字再在每一类中，按指定规则对记录排序。

任务3　筛选

1．自动筛选

打开"数据库应用"文档，完成以下自动筛选。

（1）在"高工资"工作表中，筛选高于平均值的工资。

（2）在"区间工资"工作表中，筛选工资大于等于 4000、小于 5000 的职员。

（3）在"女职员"工作表中，筛选 8 月份出生的女职工。

操作步骤：

（1）筛选高于平均值的工资。

选择"高工资"工作表，定位数据库任一单元格，单击"数据"选项卡→"排序和筛选"组→"筛选"，各字段单元格右下角显示三角形图标的下拉按钮，单击"工资"下拉按钮，在列表框中，选择"数字筛选"→"高于平均值"，筛选结果如图 3-96 所示。

（2）筛选工资大于等于 4000、小于 5000 的职员。

选择"区间工资"工作表，单击"数据"选项卡→"排序和筛选"组→"筛选"，单击"工资"字段下拉按钮，在列表框中，选择"数据筛选"→"自定义筛选"，弹出"自定义自动筛选方式"对话框，设置大于或等于 4000 与 小于 5000，如图 3-97 所示，单击"确定"按钮。

图 3-96 "筛选"结果

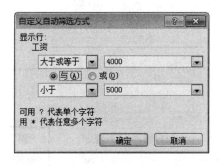

图 3-97 "自定义自动筛选方式"对话框

（3）筛选 8 月份出生的女职工。

选择"女职员"工作表，定位数据库任一单元格，单击"数据"选项卡→"排序和筛选"组→"筛选"，单击"性别"字段下拉按钮，在列表框中，取消"男"的选中，保留"女"的选中。

单击"出生日期"字段下拉按钮，在列表框中，选择"日期筛选"→"期间所有日期"→"八月"，筛选效果如图 3-98 所示。

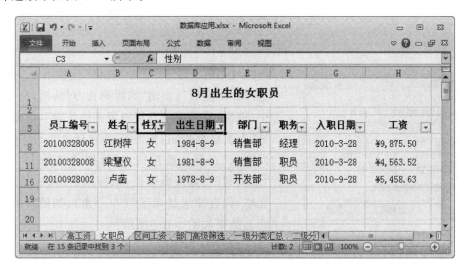

图 3-98 "筛选"效果

提示：

① 筛选后，在"工资"字段的三角形旁出现一个漏斗形的标记，表示该字段设置筛选条件。

② 如果要清除"工资"字段的筛选，单击"工资"下拉按钮，在列表框中，选择"从'工资'中清除筛选"。

③ 如果要取消自动筛选，再次单击"数据"选项卡→"数据与筛选"组→"筛选"。

2. 高级筛选

在"部门高级筛选"工作表中，应用"高级筛选"，筛选销售部职员或开发部非职员，并将筛选结果复制在原数据下方。

操作步骤：

(1) 建立条件区域，按给定条件建立条件区，同行"销售部 职员"为与关系，"开发部〈〉职员"也为与关系，两行为或关系，如图 3-99 所示。

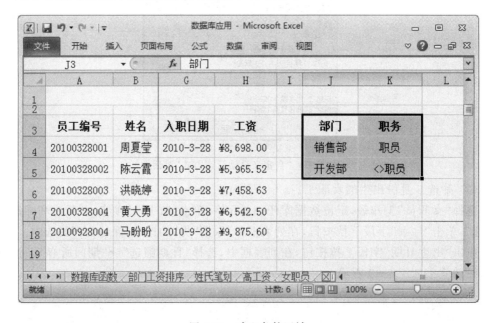

图 3-99　建立条件区域

图 3-100　"高级筛选"对话框

(2) 高级筛选，单击"数据"选项卡→"排序和筛选"组→"高级"，弹出"高级筛选"对话框，在"方式"组中，选择"将筛选结果复制到其他位置"，单击"列表区域"右侧折叠按钮，鼠标拖动选择 A3：H18，单击"条件区域"右侧折叠按钮，鼠标拖动选择 J3：K5，单击"复制到"右侧折叠按钮，鼠标单击 A21（只选一个单元格，代表筛选结果区域左上角），如图 3-100 所示，筛选结果如图 3-101 所示。

图 3-101 "筛选"结果

任务4 分类汇总

打开"数据库应用"文档,完成以下分类汇总。

(1) 在"一级分类汇总"工作表中,汇总各部门的平均工资。

(2) 在"二级分类汇总"工作表中,汇总各部门不同性别的平均工资。

操作步骤:

(1) 一级分类汇总。

① 分类,定位数据表部门列,单击"数据"选项卡→"排序和筛选"组→" (升序)",数据表按"部门"升序排序。

② 分类汇总,单击"数据"选项卡→"分级显示"组→"分类汇总",弹出"分类汇总"对话框,在"分类字段"组合框中,选择"部门";在"汇总方式"组合框中,选择"平均值";在"选择汇总项"列表框中,选择"工资";选中"替换当前分类汇总",选中"汇总结果显示在数据下方",如图 3-102 所示,单击"确定"按钮。

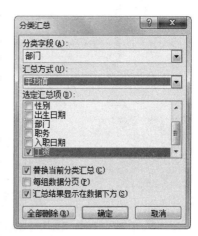

③ 分类汇总结果。分类汇总的结果如图 3-103 所示。单击分级操作区中的分级编号 1 2 3 。或者单击分级符号 + 和 − ,显示或隐藏分类汇总的明细数据。

(2) 二级分类汇总。

① 二级分类按"部门"主要关键字、"性别"次要关键字二级排序,如图 3-104 所示。

图 3-102 "分类汇总"对话框

② 一级分类汇总,汇总各部门的平均工资。

③ 二级分类汇总,单击"数据"选项卡→"分级显示"组→"分类汇总",弹出"分类汇总"对话框,在"分类字段"组合框中,选择"性别";在"汇总方式"组合框中,选择"平均值";在"选定汇总项"列表框中,选择"工资";取消选中"替换当前分类汇总","汇总结果显示在数据下方"自动变为灰色,不能更改,如图 3-105 所示,单击"确定"按钮。

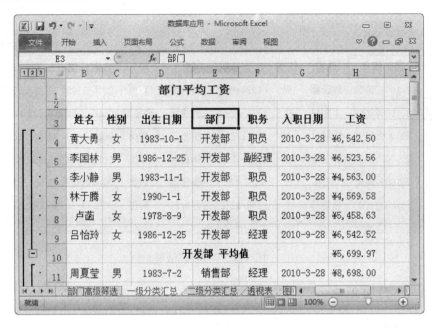

图 3-103　"分类汇总"的结果

图 3-104　二级"排序"

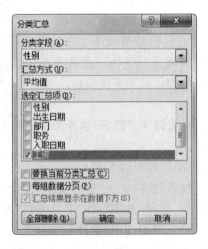

图 3-105　"分类汇总"设置

④ 分类汇总结果如图 3-106 所示。

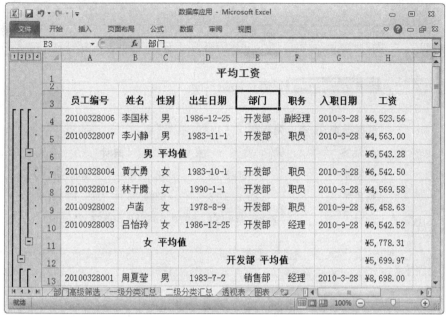

图 3-106 "分类汇总"结果

提示：

① 分类汇总必须分两步进行，即先按字段排序（分类），再汇总。在进行二级分类汇总时，一定要取消"替换当前分类汇总"，否则会删除之前的一级分类汇总。

② 如果单击"分类汇总"对话框中的"全部删除"按钮，则删除之前创建的所有分类汇总。

任务5　数据透视表

打开"数据库应用"文档，在"透视表"工作表中，以透视表形式显示各部门男女的平均工资，如图 3-107 所示；在此基础上，筛选出"职员"透视表，如图 3-108 所示。

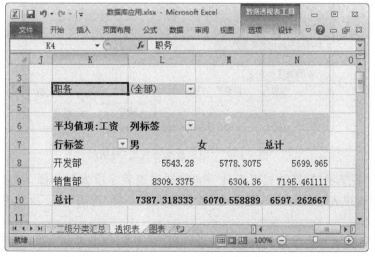

图 3-107 "数据透视表"结果

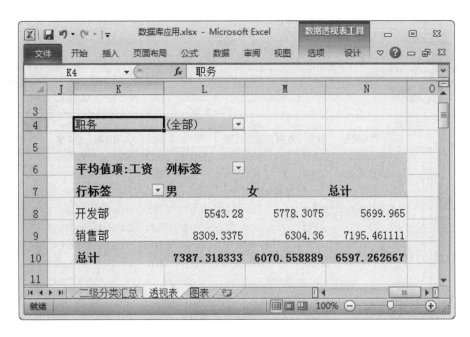

图 3-108　"筛选"数据结果

操作步骤：

（1）选择"透视表"工作表，定位数据表任一单元格，单击"插入"选项卡→"表格"组→"数据透视表"下拉按钮，在列表框中，选择"数据透视表"，弹出"创建数据透视表"对话框，自动获取"表/区域"，选中"现有工作表"，单击"K6"获取位置，如图 3-109 所示，单击"确定"按钮。

图 3-109　"创建数据透视表"对话框

（2）工作表显示"数据透视表工具"和"数据透视表字段表"，如图 3-110 所示。如果没有显示"数据透视表字段列表"，则单击"数据透视表工具/选项"上下文选项卡→"显示"→"字段列表"。

（3）在"数据透视表字段列表"中，拖动字段"职务"→"报表筛选"，"性别"→"列标签"，"部门"→"行标签"，"工资"→"数值"，如图 3-111 所示。

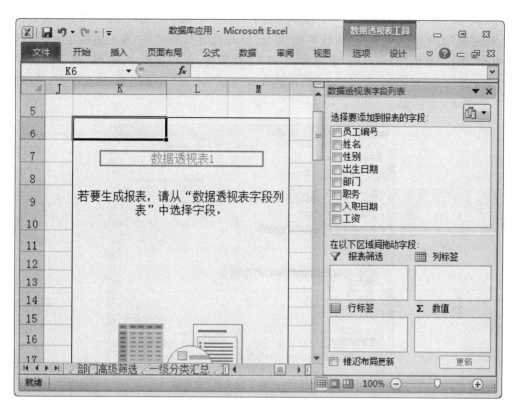

图 3-110 "数据透视表"窗口

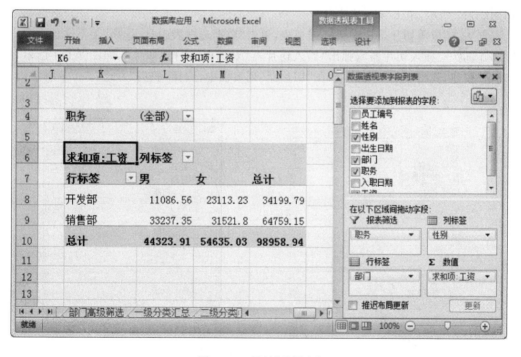

图 3-111 设计"透视表"

（4）选中数据透视表中汇总字段单元格 K6，设置活动字段为"工资"，单击"数据透视表工具/选项"上下文选项卡→"活动字段"组→"字段设置"，或者在"数据透视表字段列表"对话框中，单击"数值"列表框中"求和项：工资"下拉按钮，在列表框中，选择"值字段设置"，弹出"值字段设置"对话框，自动定位"值汇总方式"选项卡，在"计算类型"列表框中，选择"平均值"，如图 3-112 所示。

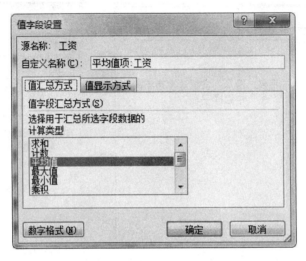

图 3-112 "值字段设置"对话框

（5）筛选数据。

方法一：应用报表筛选。单击报表筛选 L6 单元格下拉按钮，在列表框中，选择"职员"，如图 3-113 所示，单击"确定"按钮。

方法二：应用切片。选中数据透视表，单击"数据透视表工具/选项"上下文选项卡→"排序和筛选"→"插入切片器"，弹出"插入切片器"对话框，选择"职务"，如图 3-114 所示，单击"确定"按钮，弹出"职务"切片器，在"切片器"列表框中，选择"职员"，如图 3-115 所示。

图 3-113 筛选职员

图 3-114 "插入切片器"对话框

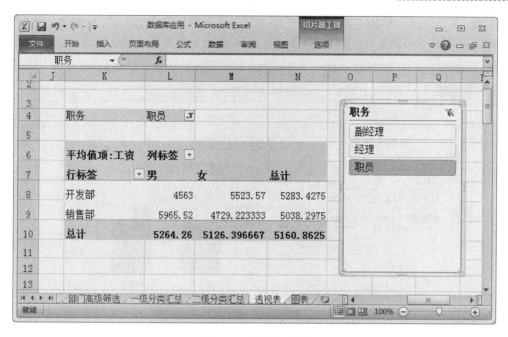

图 3-115　"筛选"结果

提示：

① 如果要取消"切片器"的筛选，单击"切片器"右上角的"清除筛选器"按钮。

② 如果要取消"切片器"与"数据透视表"的连接，单击"数据透视表工具/选项"上下文选项卡→"排序和筛选"组→"插入切片器"下拉按钮，在列表框中，选择"切片器连接"，弹出"切片器连接"对话框，取消选中"职务"，如图 3-116 所示。

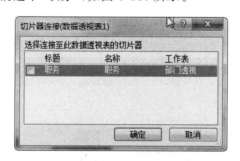

图 3-116　"切片器连接"对话框

③ 如果要删除"切片器"，选中"切片器"，按"Delete"键。

④ 如果不显示行列标题，可单击"选项"选项卡→"显示"组→"字段标题"。

⑤ 如果需要清除已创建的透视表数据，单击"数据透视表工具/选项"上下文选项卡→"操作"组→"清除"下拉按钮，选择"全部清除"，如果只清除某字段，则只需在"列标签"、"行标签"、"数据"中，将字段拖出。

⑥ 如果要删除整个数据透视表，则全选数据透视表区域，按"Delete"键。

任务 6　图表

打开"数据库应用"文档，在"图表"工作表中，以簇状柱形图形显示各部门男女的平均工资,设置"部门"为行,图表标题为"部门平均工资",水平轴标题为"部门",垂直轴标题为"平均工资"。垂直轴主要刻度单位为 2000,图例在右侧,原始数据及设计结果如图 3-117 所示。

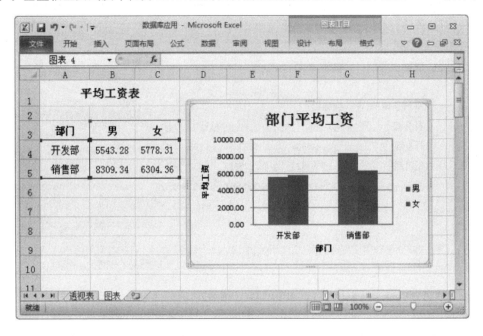

图 3-117 "部门图表"工作表

操作步骤:

(1) 生成图表。选择"图表"工作表,选择数据表区域 A3:C5,单击"插入"选项卡→"图表"组→"柱形图"下拉按钮,在二维柱形图列表框中,选择"族状柱形图",生成图表,如图 3-118 所示。

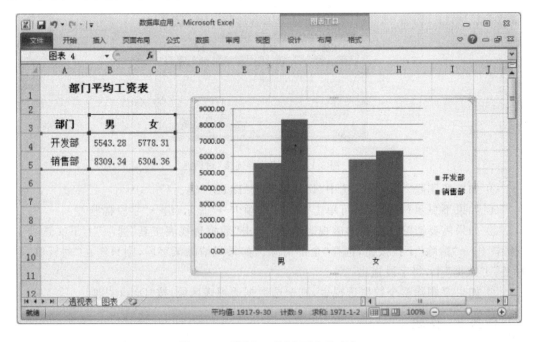

图 3-118 "图表工具"上下文选项卡

（2）图表布局。选择图表，单击"图表工具/设计"上下文选项卡→"图表布局"组→"其他"下拉按钮，在布局模板中，选择"布局9"（共有11种形式的布局，不同的布局显示组元不同），结果如图3-119所示。

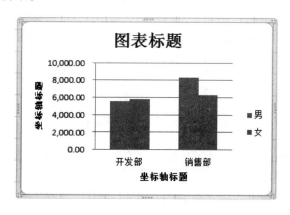

图3-119 "图表"效果

（3）修改标题。修改图表标题为"部门平均工资"，水平轴标题为"部门"，垂直轴标题为"平均工资"。

（4）修改垂直轴主刻度单位。选择垂直轴，单击"图表工具/布局"上下文选项卡→"布局"选项卡→"当前所选内容"组→"设置所选内容格式"，弹出"设置坐标轴格式"对话框，选中主要刻度单位为"固定"，在文本框中输入"2000"，如图3-120所示，单击"关闭"按钮。

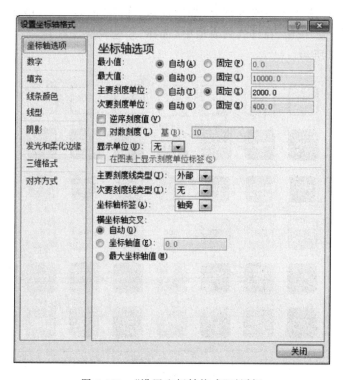

图3-120 "设置坐标轴格式"对话框

提示：

① 各标题及图例也可使用"图表工具/布局"上下文选项卡→"标签"组功能单独设置。

② 坐标轴也可使用"图表工具/布局"上下文选项卡→"坐标轴"组功能单独设置。

③ 更改图表类型。单击"图表工具/设计"上下文选项卡→"类型"→"更改图表类型"，弹出"更改图表类型"对话框，选择类型导航，再选择具体类型，如图 3-121 所示。

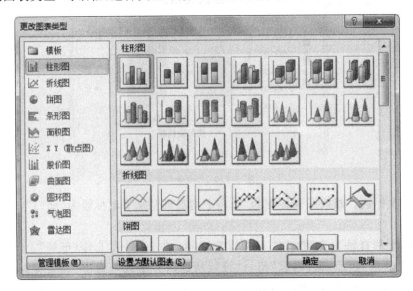

图 3-121 "更改图表类型"对话框

④ 设置形状样式。选择图表对象，如绘图区，单击"图表工具/格式"上下文选项卡→"形状样式"→"其他"按钮，在样式列表框中，选择"彩色轮廓－红色"，绘图区直接套用模板样式。如图 3-122 所示。

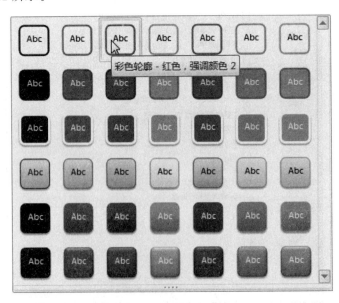

图 3-122 "形状样式"模板

⑤ 切换行/列。单击"图表工具/设计"上下文选项卡→"数据"组→"切换行/列",交换行/列,即分类轴与图例交换。

⑥ 编辑数据。

• 添加数据,如果在图表中要添加数据源中的某一列数据,可以直接选择这一列数据,拖曳到图表区。或者使用"复制"、"粘贴"命令,把数据源中要添加的数据添加到图表中,包括 X 轴的标记。

• 删除数据,可以从图表上删除一组数据系列(包括 X 轴的标记),方法是:先选择要删除的数据系列,选择"编辑"→"清除"→"系列"命令,也可直接按"Delete"键。

模块 4   PowerPoint 2010 基本操作

PowerPoint 2010 是一种制作多媒体演示工作的工具。多媒体包括文字、图形、图像、声音及视频。PowerPoint 2010 主要用于教师授课、产品演示、广告宣传等方面。

项目 1   幻灯片编辑

文稿编辑包括新建演示文档、新建幻灯片以及幻灯片格式设置。

知识要点

1. 用户界面

运行 PowerPoint 2010，程序窗口如图 4-1 所示。

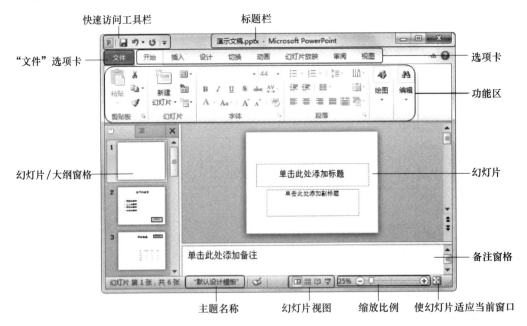

图 4-1   PowerPoint 工作界面

（1）快速访问工具栏。该工具栏显示常用工具图标，单击图标即可执行相应操作，添加或删除快速访问工具栏上的图标，可通过单击右侧"自定义快速访问工具栏"，在弹出的列表框中重新勾选。

（2）"文件"选项卡。单击"文件"选项卡，打开 Backstage 视图，用户可选择"保存"、"另存为"、"打开"、"关闭"等命令，如图 4-2 所示。

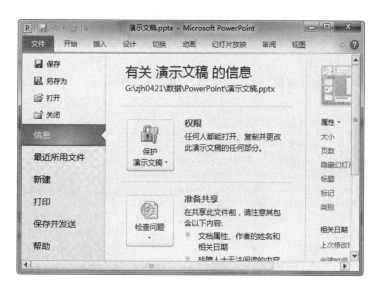

图 4-2　"文件"选项卡

（3）功能区选项卡。单击各功能选项卡，可以切换至相应的功能区，不同的功能区提供了多种不同的操作设置选项。

（4）功能区。在每个选项卡下，功能区又分为若干个组，组中集合了同类命令，如"开始"选项卡功能区中分为"字体"、"段落"组。

（5）幻灯片/大纲窗格。用于切换幻灯片、大纲浏览窗格，便于编辑与浏览演示文稿。

（6）幻灯片窗格。幻灯片窗格是 PPT 制作幻灯片的主要区域，可以编辑幻灯片占位符、设置占位符格式等。

（7）备注窗格。用于编辑幻灯片的备注文字，可以打印以便在演讲时查阅。

（8）视图切换按钮。在"视图"区，有四个视图按钮，单击可分别切换为"普通视图""幻灯片浏览"和"阅读视图"。

（9）状态栏。位于窗口的最底端，显示当前演示文稿的常用参数和主题名称等，如当前正在编辑的幻灯片的编号、幻灯片的总数和采用主题名称等。

2．窗口视图

视图是呈现窗口的一种方式，为了便于用户从不同的角度观看幻灯片的内容或效果，视图包括普遍视图、幻灯片浏览、备注页和阅读视图。

（1）普通视图。普通视图是常采用的视图，用于查看幻灯片的内容、大纲级别和备注信息，并对幻灯片进行编辑。

（2）幻灯片浏览。幻灯片浏览视图以缩略图形式显示幻灯片，在该视图中，幻灯片呈行列排列，可以对其进行添加、编辑、移动、复制、删除等操作。

（3）备注页。备注页视图以页面形式显示幻灯片内容和备注信息。

（4）阅读视图。幻灯片在"阅读视图"中只显示标题栏、状态栏和幻灯片放映效果，一般用于幻灯片的简单预览。

3．幻灯片

演示文稿是由若干幻灯片所组成的，幻灯片是一种载体，幻灯片内容主要有表格、文本框、图片、自选图形以及页眉页脚等。每张幻灯片具有不同的版式,可以设置节,管理幻灯片。

4．本项目操作示例

本项目操作示例演示文稿"幻灯片编辑",如图 4-3 所示。

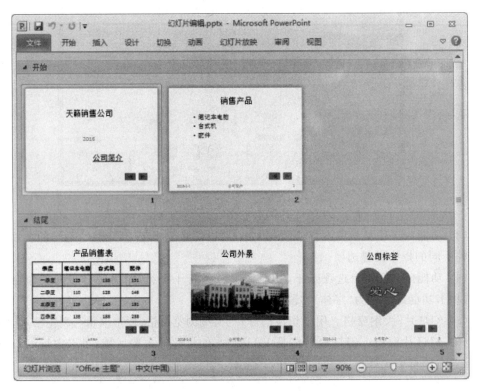

图 4-3　示例幻灯片

任务 1　超链接

新建"幻灯片编辑"演示文稿,在"标题幻灯片"第 1 张幻灯片中,标题输入"天籁销售公司",副标题输入"2016"。插入文本框,输入"公司简介",字体为"黑体",字号为"40",插入超级链接,链接到"公司简介"文档,屏幕提示为"介绍公司发展前景",效果如图 4-4 所示。

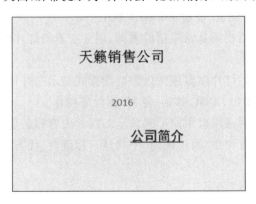

图 4-4　第 1 张幻灯片

操作步骤：

（1）新建演示文稿。默认文稿名为"演示文稿1"，自动生成一张标题幻灯片，另存为"产品介绍"，在标题幻灯片中，单击"单击此处添加标题"，输入"天籁销售公司"；单击"单击此处添加副标题"，输入"2016"。

（2）插入超链接。输入文本"公司简介"，设置为"黑体"，字号为"40"。选择"公司简介"文本，单击"插入"选项卡→"链接"组→"超链接"，弹出"插入超链接"对话框，自动定位文档所在文件夹，选择"公司简介"，如图 4-5 所示。

图 4-5 "插入超链接"对话框

（3）屏幕提示。单击"屏幕提示"按钮，弹出"设置超链接屏幕提示"对话框，在"屏幕提示文字"文本框中，输入"介绍公司发展前景"，如图 4-6 所示，单击"确定"按钮。返回"插入超链接"窗口，再单击"确定"按钮。

图 4-6 "屏幕提示"对话框

提示：

放映演示文稿时，当鼠标指向"公司简介"文本时，光标会变成一个手指指向的图标，单击则打开超链接文件。

如果不需要超链接，选中已添加超链接，右击，在弹出的快捷菜单中执行"删除超链接"命令。

任务2 内容幻灯片——文本

打开"幻灯片编辑"演示文稿，新建"标题与内容"第 2 张幻灯片，标题输入"销售产品"，内容输入"笔记本电脑"、"台式机"、"配件"，如图 4-7 所示。

操作步骤：

（1）新建"标题与内容"幻灯片。单击"开始"选项卡→"幻灯片"组→"新建幻灯片"下拉按钮,在 Office 主题列表框中,选择"标题和内容",如图 4-8 所示。

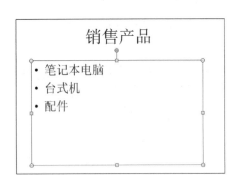

图 4-7　第 2 张幻灯片　　　　　　　　图 4-8　Office 主题列表

(2) 输入内容。单击"单击此处添加标题",输入"销售产品";单击"单击此处添加副文本",输入"笔记本电脑"按 Enter 键,输入"台式机"按"Enter"键,输入"配件"。

任务 3　内容幻灯片——表格

打开"幻灯片编辑"演示文稿,新建"标题与内容"第 3 张幻灯片,标题输入"产品销售表",内容插入 5 行 4 列表格,输入表格内容(字号为"28"),应用"浅色样式 3",左右垂直居中。第 3 张幻灯片如图 4-9 所示。

产品销售表			
季度	笔记本电脑	台式机	配件
一季度	125	138	151
二季度	110	128	146
三季度	129	160	191
四季度	138	188	238

图 4-9　第 3 张幻灯片

操作步骤:

(1) 新建"标题与内容"幻灯片,标题输入"销售产品表";单击"插入表格",插入 5 行 4 列表格,拖放适当大小,设置字号为"28",输入单元格数据。

(2) 设置表格样式,选择表格。单击"表格工具/设计"上下文选项卡→"表格样式"组→"其他"下拉按钮,在表格样式列表框中,选择淡类中的"浅色样式 3"。

(3) 设置对齐方式。选择表格,单击"表格工具/布局"上下文选项卡→"对齐方式"组→"居中"和"垂直居中"。

任务4 内容幻灯片——图片

打开"幻灯片编辑"演示文稿,新建"标题与内容"第4张幻灯片,标题输入"公司外景",内容插入"校园风景.jpg"图片,大小位置适当,第4张幻灯片如图4-10所示。

操作步骤:

新建"标题与内容"幻灯片。标题输入"公司外景",单击"插入来自文件的图片",弹出"插入图片"对话框,选择图片文件位置及图片文件"公司外景.JPG",单击"插入"按钮,在幻灯片中,适当调整图片位置及大小。

图4-10 第4张幻灯片

任务5 绘制自选图形

打开"幻灯片编辑"演示文稿,新建"标题与内容"第5张幻灯片,标题输入"公司标签";删除内容文本框,插入自选图形,形状为"心形",线条及填充颜色为"红色",编辑文字"爱心",字体"隶书",字号"80"磅。第5张幻灯片如图4-11所示。

操作步骤:

(1)绘制图形。新建"标题与内容"幻灯片,标题输入"公司标签",删除内容文本框,单击"插入"选项卡→"插图"组→"形状"下拉按钮,在基本形状类中,选择"心形",如图4-12所示,在幻灯片中心位置绘制"心形",再适当调整位置及大小。

图4-11 第5张幻灯片

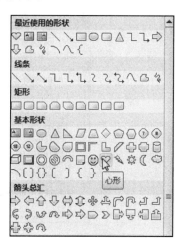

图4-12 自选图形样式

(2)设置形状样式。选择图片,单击"格式"选项卡→"形状轮廓"下拉按钮,在标准色中,选择"红色";同理,"形状填充"为"红色"。

(3)编辑文字。选择自选图形,右击,选择快捷菜单"编辑文字",输入"爱心",设置字体"隶书",字号"80"磅。

任务6　页眉页脚

（1）打开"幻灯片编辑"演示文稿，插入页眉和页脚。显示固定日期"2016-1-1"、幻灯片编号、页脚"公司简介"、标题幻灯片中不显示，全部应用。

（2）设置页眉页脚内容的字号为"20"，效果如图4-13所示。

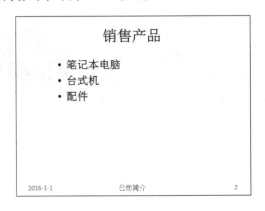

图4-13　"页眉页脚"设置

操作步骤：

（1）设置页眉页脚。单击"插入"选项卡→"文本"组→"页眉与页脚"命令，弹出"页眉和页脚"对话框，自动定位"幻灯片"选项卡，选中"日期和时间"及"固定"，在文本框中输入"2016-1-1"；选中"幻灯片编号"；选中"页脚"，在文本框中输入"公司简介"；选中"标题幻灯片中不显示"，如图4-14所示，单击"全部应用"按钮。

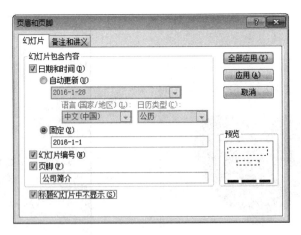

图4-14　"页眉和页脚"对话框

（2）设置字号。在母板视图中，选中日期文本框，设置字号为"20"，同理设置页脚和幻灯片编号字号为"20"。

任务7　动作按钮

打开"幻灯片编辑"演示文稿，在所示幻灯片右下角，插入一个"后退或前一项"与"前进或下一项"动作按钮。

操作步骤：

由于应用于所有幻灯片，需要在幻灯片母版中创建。切换到"幻灯片母版"视图，选中"Office 主题"母版，单击"插入"选项卡→"插图"组→"形状"下拉按钮，在列表框中，选择"动作按钮/后退或前一项"，光标变为"十"字，在母版幻灯片右下角，拖动鼠标画出图形，释放鼠标，弹出"动作设置"对话框，选择"超链接到"→"上一张幻灯片"，如图 4-15 所示，单击"确定"按钮。

同理，制作"前进或下一项"动作按钮。效果如图 4-16 所示。

图 4-15 "动作设置"对话框

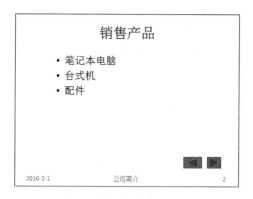

图 4-16 新建动作按钮

任务8 节

打开"幻灯片编辑"演示文稿，新增"开始"和"结尾"两个节，"开始"包含前 2 张幻灯片，"结尾"节包含后 3 张幻灯片，效果如图 4-17 所示。

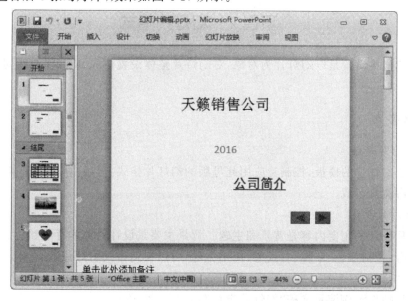

图 4-17 新建"节"

147

操作步骤:

（1）新建节。在普通视图的幻灯片窗格中,定位于第 2 张幻灯片与第 3 张幻灯片之间,单击"开始"选项卡→"幻灯片"组→"节"→"新增节",新建两个节,"默认节"和"无标题节",前者包含前 3 张幻灯片,后者包含剩余 3 张幻灯片,

（2）重命名。选中"默认节",右击,选择快捷菜单"重命名节",弹出"重命名节"对话框,在"节名称"文本框中输入"开始",如图 4-18 所示,单击"重命名"按钮。同理,重命名"无标题节"为"结尾"。

提示:

幻灯片添加或移出节。在"普通视图"或"幻灯片浏览"视图中,拖入幻灯片到节为添加,从节中拖出为移出。

通过节的快捷菜单,如图 4-19 所示,可以选择删除节、删除所有节、移动节等。就删除节只能从最后一个节开始删除,删除节后,节中幻灯片转移到上一个节中。如果删除所有节,节就不存在了。

图 4-18　"重命名节"对话框　　　　图 4-19　节的快捷菜单

项目 2　幻灯片格式

幻灯片格式设置是以幻灯片为对象,对幻灯片整体设置格式,应用工具为母版与设计选项卡。

 知识要点

1. 幻灯片母版

母版是幻灯片的模板,控制着应用此母版的幻灯片格式,母版由标题、文本、页脚和时间等对象的占位符组成。

2. 幻灯片设计

幻灯片设计的主要内容是背景和主题。背景主要是设计对象的背景颜色。主题是预置的格式组合,包括颜色、字体、背景等,应用主题,可以快速格式幻灯片。

3. 本项目操作示例

本项目操作示例演示文稿"幻灯片设计",如图 4-20 所示。

图 4-20　幻灯片格式效果

任务 1　幻灯片母版

打开"幻灯片设计"演示文档,修改所有标题格式为"隶书"、"40 磅"、"加粗",内容格式修改一级项目符号为"√",段落行距 1.5 倍。

操作步骤:

(1) 幻灯片母版视图。由于修改所有幻灯片格式,故在幻灯片母版中修改。单击"视图"选项卡→"母版视图"组→"幻灯片母版",进入幻灯片母版视图,如图 4-21 所示。

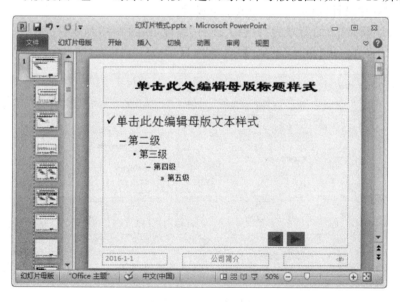

图 4-21　幻灯片母版视图

（2）修改格式。在母版窗格中，选择"Office 主题"母版，选择"单击此处编辑母版标题样式"，设置"隶书""40 磅""加粗"；选择"单击此处编辑母版文本样式"，修改项目符号为"√"，段落行距为 1.5 倍。

单击"幻灯片母版"选项卡→"关闭"组→"关闭母版视图"，切换到"普通视图"，设计效果如图 4-22 所示。

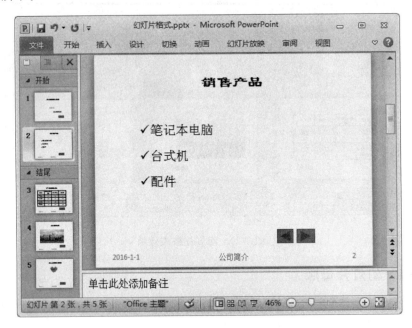

图 4-22　修改母版后的效果

任务 2　幻灯片设计

打开"幻灯片设计"演示文稿，完成以下设计。

（1）设计"开始"节的背景为"白色大理石"纹理，如图 4-23 所示。

（2）"结尾"节应用"凸显"主题，如图 4-24 所示。

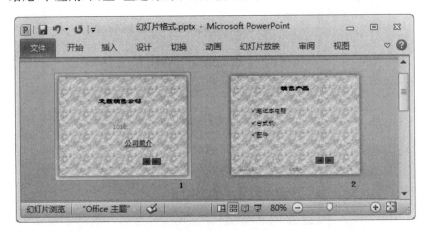

图 4-23　设置背景效果

图 4-24　应用主题效果

操作步骤：

（1）设计背景。选择"开始"节，单击"设计"选项卡→"背景"组→"设置背景格式"按钮。弹出"设置背景格式"对话框，定位于"填充"页面，选择"图片或纹理填充"，如图 4-25 所示。

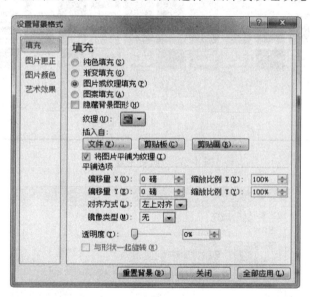

图 4-25　"设置背景格式"对话框

单击"纹理"下拉按钮，在纹理列表框中，选择"白色大理石"，如图 4-26 所示。单击"关闭"按钮。

（2）选择"结尾"节，单击"设计"选项卡→"主题组"→"其他"按钮，在"内置"主题列表中，选择"凸显"，如图 4-27 所示。

提示：

① 在"填充页面"中，选择"图案填充"，可设置填充图案、前景色和背景色，如图 4-28 所示。

② 在"填充页面"中，单击"重置背景"按钮，删除设置背景；单击"关闭"按钮，设置所选幻灯片背景；单击"全部应用"按钮，设置背景应用于所有幻灯片。

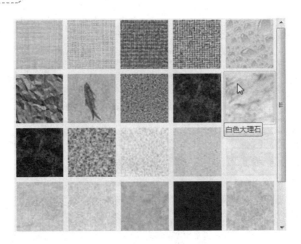

图 4-26 "纹理"选项卡

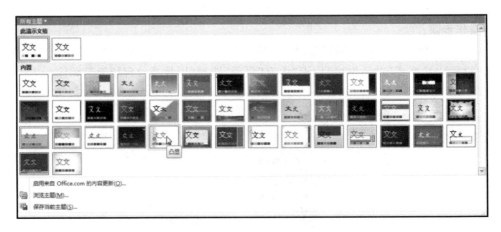

图 4-27 "所有主题"列表

图 4-28 "填充"导航

项目3　幻灯片放映

幻灯片设计是过程,放映是目的,通过放映体现展示设计成果。

知识要点

1. 动画

动画效果就是使幻灯片对象动起来,以增强幻灯片放映的动感性。

2. 幻灯片切换

由一张幻灯片过渡到下一张幻灯片的方式。

3. 幻灯片放映

设计幻灯片的最终目的就是放映,通过放映,可以验证幻灯片设计的效果。

任务1　幻灯片动画

打开"幻灯片动画"演示文稿,设置动画。

(1)设置第2张幻灯片动画。进入时按段落自右侧飞入。

(2)设置第5张幻灯片心形图案动画。进入为"华丽型/基本旋转",动作路径为"基本/心形",开始为"单击时",期间为"非常慢(5秒)",重复为"3次"。

操作步骤:

(1)设置第2张幻灯片动画。

① 设置进入方式。选择第2张幻灯片内容文本框,单击"动画"选项卡→"动画"组→"其他"下拉按钮,在动画列表框中,选择"进入"类中的"飞入"。

② 设置方向。单击"动画"选项卡→"动画"组→"效果动画"下拉按钮,在"方向"类中选择"自右侧",在"序列"类中选择"按段落"。

③ 显示动画窗格。单击"动画"选项卡→"高级动画"组→"动画窗格",显示"动画窗格",如图4-29所示,单击"播放"按钮,查看设计动画效果。

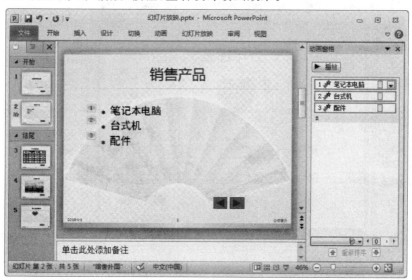

图4-29　设置"动画效果"

（2）设置第 5 张幻灯片动画。

① 设置进入方式。定位第 5 张幻灯片,选择心形图形,单击"动画"选项卡→"动画"组→"其他"下拉按钮,在动画列表框中,选择"更多进入效果",弹出"更改进入效果"对话框,选择"华丽型/基本旋转",如图 4-30 所示,单击"确定"按钮。

② 设置动作路径。选中心形,单击"动画"选项卡→"动画"组→"其他"下拉按钮,在动画列表框中,选择"其他动作路径",弹出"更改动作路径"对话框,选择"基本/心形",如图 4-31 所示,单击"确定"按钮。在幻灯片中,调整心形大小,如图 4-32 所示。

图 4-30　"更改进入效果"列表

图 4-31　"更改动作路径"列表框

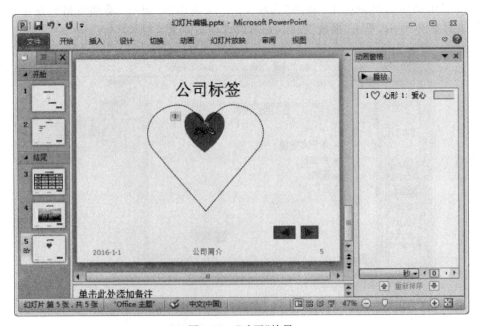

图 4-32　"动画"效果

③ 设置动画效果。选择心形，单击"动画"选项卡→"动画"组→"显示其他效果选项"按钮，弹出"心形"对话框，选择"计时"选项卡，选择"开始"为"单击时"，"期间"为"非常慢（5秒）"，"重复"为"3"，如图 4-33 所示，单击"确定"按钮。

④ 播放。在"动画窗格"中，单击"播放"按钮，查看设计动画效果。

提示：

在"动画窗格"中，单击动画 1 右侧下拉按钮，在列表框中，选择"删除"即删除动画，如图 4-34 所示，也可在幻灯片中，选择动画编号，按"Delete"键删除。

图 4-33　"计时"选项卡

图 4-34　"动画窗格"对话框

任务 2　幻灯片切换

打开"幻灯片动画"演示文稿，设计所有幻灯片添加切换效果"华丽型/门"，持续时间为 5 秒，换片方式为"单击鼠标时"。

操作步骤：

（1）全选所有幻灯片，单击"切换"选项卡→"切换到此幻灯片"组→"其他"下拉按钮，在切换样式列表中，选择"华丽型/门"，如图 4-35 所示。

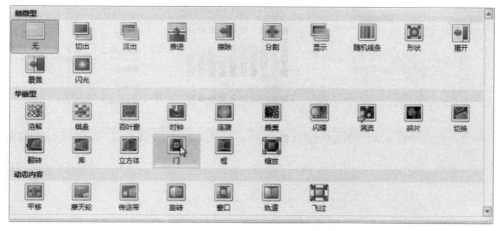

图 4-35　"切换"样式列表

（2）在"切换"选项卡→"计时"组中，调整持续时间为"05.00"，选中"单击鼠标时"。

（3）单击"切换"选项卡→"预览"组→"预览"，观看切换效果。

任务3　幻灯片放映

打开"幻灯片动画"演示文稿，完成以下操作。

（1）从开始或当前幻灯片放映幻灯片，设置鼠标为红色画笔，自由画线。

（2）放映时，定位至第2张幻灯片。

操作步骤：

（1）启用画笔。

① 从开始放映。按"F5"键，或者单击"幻灯片放映"选项卡→"开始放映幻灯片"→"从头开始"，则可以从头开始放映演示文稿。

② 从当前开始放映。按"Shift＋F5"键，或者单击"幻灯片放映"选项卡→"开始放映幻灯片"→"从当前幻灯片开始"，则从当前幻灯片开始放映。

③ 放映时，在放映窗口中，右击，选择快捷菜单"指针选项"→"笔"，鼠标变为画笔（一个实心点），再右击，选择"指针选项"→"墨迹颜色"→"主题颜色"→标准色组中的"红色"，如图4-36所示。

④ 画线。放映时，用鼠标作画笔，在窗口中自由画线。

（2）跳转。播放时，在放映窗口中，右击，选择快捷菜单"定位至幻灯片"→"2 销售产品"，如图4-37所示，跳转到第2张幻灯片。

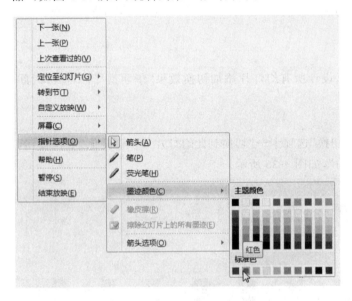

图4-36　"墨迹颜色"设置

图4-37　"定位至幻灯片"命令

模块 5　计算机基础知识

本模块主要学习的内容包括计算机发展、特点、分类及应用，计算机硬件系统及软件系统，以及计算机中数据的表示。

项目 1　计算机概述

计算机是电子数字计算机的简称，是一种能按照事先存储的程序，自动、高速地对数据进行输入、处理、输出和存储的系统，具有极快的处理速度、强大的存储能力、精确的计算和逻辑判断能力，由程序自动控制。

任务 1　计算机的发展

1946 年，世界上第一台电子计算机在美国宾夕法尼亚大学研制成功，取名电子数字积分计算机（Electronic Numerical Integrator And Computer，ENIAC）。自 ENIAC 诞生以来，电子计算机的发展阶段若以构成计算机的电子器件来划分，则至今已经历了四代。每发展一代在技术上是一次新的突破，在性能上是一次质的飞跃。

（1）第一代计算机。第一代计算机是电子管计算机，其基本元件是电子管，也称电子管时代。内存储器采用水银延迟线，外存储器采用纸带、卡片、磁鼓和磁芯等。软件方面，计算机程序设计语言还处于最低阶段，用一串 0 和 1 表示的机器语言进行编程，直到 20 世纪 50 年代中才出现了汇编语言，但无操作系统，操作极其困难。

（2）第二代计算。第二代计算机是晶体管计算机，其使用的主要逻辑元件是晶体管，也称晶体管时代。内存储器使用磁性材料制成的磁芯，外存储器使用磁带和磁盘。软件方面开始使用管理程序，后期使用操作系统并出现了 BASIC、FORTRAN 和 COBOL 等一系列高级程序设计语言，使编写程序的工作变得更加方便，大大提高了计算机的工作效率。

（3）第三代计算。第三代计算机是集成电路计算机，这个时期的计算机用中小规模集成电路代替了分立元件，用半导体存储器代替了磁芯存储器，外存储器使用磁盘。在软件方面，操作系统进一步完善，通过分时操作系统，用户可以共享计算机上的资源，高级语言 Pascal 采用结构化、模块化的程序设计思想，由此产生了并行处理、多处理机、虚拟存储系统以及面向用户的应用软件。

（4）第四代计算。第四代计算机是大规模和超大规模集成电路计算机。其元件是大规模和超大规模集成电路，一般称为大规模集成电路时代。存储器采用半导体存储器，外存储器采用大容量的软、硬磁盘，并开始引入光盘。在软件方面，操作系统不断发展和完善，同时产生了数据库管理系统、通信软件等。计算机的发展进入了以计算机网络为特征的时代。

各发展阶段计算机的主要特性如表 5-1 所示。

表 5-1　计算机发展阶段

	第一代 (1946—1957 年)	第二代 (1958—1964 年)	第三代 (1965—1970 年)	第四代 (1971 年至今)
逻辑元件	电子管	晶体管	中、小规模集成电路	大规模和超大规模集成电路
软件系统	机器语言、汇编语言	高级语言、管理程序、监控程序、简单的操作系统	多种功能较强的操作系统、回话式语言	可视化操作系统、数据库、多媒体、网络软件
运算速度	5000～30000 次/秒	几万次/秒至几十万次/秒	几十万次/秒至几百万次/秒	几百万次/秒至几亿次/秒
应用领域	科学计算	科学计算、数据处理、事务处理	实现标准化、系列化,应用于各个领域	广泛应用于所有领域
代表机型	ENIAC EADVAC 103 机	IBM7090 CDC7600 109 机	IBM360 富士通 F230 银河-I	IBM370 IBM PC 曙光 4000L

　　自 1982 年以来,发达国家开始研制第五代计算机,其特点是以人工智能原理为基础,突破原有的计算机体系结构模式,用大规模集成电路或其他新器件作为电子逻辑部件。不仅可以进行数值计算,还可进行声音、图像、文字等多媒体信息的处理。并随着第五代计算机的研究,人们又先后提出了神经网络计算机、生物计算机等新概念。

任务 2　计算机的特点

　　计算机之所以能够迅猛发展,并得到广泛应用,主要是因为自身的如下特点。

　　(1) 运算速度。运算速度是指每秒钟所能执行的指令条数,一般用"MIPS"(百万条指令/秒)来描述。当今计算机系统的运算速度已达到每秒万亿次,使时效性强的复杂问题的处理可在限定的时间内完成。

　　(2) 计算精确度。计算机对数据处理的精度达到几十位有效数字,还可以根据需要达到任意精度。

　　(3) 记忆能力随着电子技术的发展,计算机内存储器的容量越来越大,表示记忆能力强。目前一般的微机内存容量在 4～8GB,硬盘容量一般在 500GB～2TB。

　　(4) 逻辑判断能力强。计算机采用"存储程序"方式工作,即把需要处理的数据及处理该数据的程序事先输入计算机,存入存储器,整个过程不需要人工干预,完成各种算术运算和逻辑运算,逻辑判断能力强,实现自动控制。

　　(5) 可靠性。随着微电子技术和计算机技术的发展,现代电子计算机连续无故障运行时间可达到几十万小时以上,具有极高的可靠性。一般计算机的错误,通常是由于软件的错误造成的,由计算机硬件引起的错误越来越少了。

任务 3　计算机的分类

　　计算机种类繁多,分类方法也各不相同,常用的分类方法是按性能分类,所依据的性能主要包括字长、存储容量、运算速度、外部设备和用户数量等。根据这些性能可将计算机分为巨型机、大型机、小型机、微型机和工作站。

（1）巨型机。巨型机也称为超级计算机，其特点是功能强、运算速度快、存储容大，但价格昂贵。我国自主研发的银河Ⅲ百亿次计算机和曙光千亿次计算机都属于巨型机。巨型机主要用于军事、科研、气象、空间技术和石油勘探等领域。

（2）大型机。大型机的特点是运算速度和存储容量都很大，具有很强的通用性和综合处理能力，通常运于大型企业、银行和大型数据库管理系统中。

（3）小型机。小型计算机规模小，结构简单，对运行环境要求低，易于操作且便于维护。小型机主要用于科学计算和数据处理，为中小型企事业单位所常用。

（4）微型机。微型计算机又称个人计算机（Personal Computer，PC），它是日常生活中使用最多、最普遍的计算机，具有价格低廉、性能强、体积小、功耗低等特点。常见的微型机分为台式机、笔记本电脑、掌上型微机和 PDA 等多种类型。微型机多用于社会生活各领域的信息处理。

（5）工作站。工作站（Workstation）是介于个人计算机和小型计算机之间的一种高档微型机。工作站通常配有高档 CPU、高分辨的大屏幕显示器和大容量的内外存储器，具有较强的数据处理能力和高性能的图形功能。工作站主要用于图像处理、计算机辅助设计等领域。

任务4　计算机应用

计算机技术广泛应用于社会的各个领域，改变了人们的工作、学习和生活的方式，一般来说，计算机主要应用于以下几个方面。

（1）科学计算。科学计算是指使用计算机完成在科学研究和工程技术领域所提出的大量复杂的数值计算问题，是计算机的传统应用之一。其特点是利用计算机的高速度、高精度、大存储量和连续运算的能力，来实现人工无法实现的各种计算，主要应用天文、地质、生物、数学等基础科学研究以及空间技术、新材料研究、原子能研究等尖端科学领域。

（2）数据处理。数据处理就是对数据进行收集、分类、排序、存储、计算、传输和制表等操作，是计算机应用最广泛的领域之一，其特点是需要处理的原始数据量大，包括大量图片、文字、声音等数据，处理结果一般以表格或文件形式存储，如人事管理、库存管理、财务管理、图书资料管理、情报检索等方面的应用。

（3）自动控制。自动控制是指通过计算机对某一过程进行自动操作，不需要人工干预，能按人预定的目标和预定的状态进行的过程控制。而过程控制是用计算机对生产和其他过程中实时采集的数据进行检测、处理和判断，按最佳值进行调节的过程。自动控制是生产自动化的重要技术和手段，目前被广泛用于操作复杂的钢铁企业、石油化工业、医药工业等生产中。

（4）计算机辅助系统。计算机辅助系统是指应用计算机辅助人们进行设计、制造等工作，主要包括 CAD、CAM、CAT 和 CAI。

① 计算机辅助设计（Computer Aided Design，CAD）是指利用计算机图形处理功能，完成产品的设计工作，达到缩短设计周期、提高设计精度的目的。目前，计算机辅助设计在飞机设计、船舶设计、建筑设计、机械设计和大规模集成电路设计中得到广泛的应用。

② 计算机辅助制造(Computer Aided Manufacturing,CAM)是指利用计算机进行生产设备和管理、控制与操作,达到提高产品质量、降低生产成本和缩短生产周期的目的。数控机床是 CAM 的应用实例。

③ 计算机辅助测试(Computer Aided Testing,CAT)是指应用计算机进行复杂而大量的测试工作,如北斗导航应用实例。

④ 计算机辅助教学(Computer Aided Instruction,CAI)是指利用计算机辅助学习的自动系统,它将教学内容、教学方法等存储于计算机中,使学生能够轻松自如地学到所需的知识,如多媒体教学系统、学习视频等应用实例。

(5)人工智能。人工智能(Artificial Intelligence,AI)。人工智能是指利用计算机模拟人类大脑神经系统的逻辑思维、逻辑推理,达到延伸和扩展人的智能的目的。人工智能主要应用于机器人、语言识别、图像识别、自然语言处理和专家系统等方面。

(6)多媒体技术。多媒体技术(Multimedia Technology)是利用计算机对文本、图形、图像、声音、动画、视频等多种信息综合处理、建立逻辑关系和人机交互作用的技术。多媒体技术在医疗、教育、商业、银行、保险、广播和出版等领域得到广泛的应用。

(7)计算机网络。计算机技术与通信技术结合起来就形成了计算机网络。实现资源共享,人们熟悉的全球信息查询、电子邮件、电子商务等都是依靠计算机网络来实现的。

任务5 计算机发展方向

近年来,随着超大规模集成电路技术的不断发展以及计算机应用领域的不断扩展,计算机的性能也在不断提高。计算机的发展趋势表现为巨型化、微型化、网络化和智能化。

(1)巨型化。巨型化是指为适应尖端科学技术的需要,发展高速度、大容量、功能强大的巨型计算机。因此,研制巨型机是计算机发展的一个重要方向,是一个国家综合实力的体现。

(2)微型化。随着计算机技术的发展,计算机的体积越来越小,重量越来越轻,价格越来越便宜。例如笔记本计算机、上网本等。

(3)网络化。计算机网络就是通过通信线路把分布在各地的计算机连接起来,以达到资源共享的目的。通过计算机网络形成一个规模大、功能强的信息综合处理系统,应用于交通、金融、企业管理、商业等领域。

(4)智能化。智能化是新一代计算机追求的目标。即让计算机模拟人的感觉、行为、思维过程的机理,使计算机具有视觉、听觉、语言、行为、思维、逻辑推理、学习、证明等能力,形成智能型计算机。机械人技术、计算机对弈、专家系统等就是计算机智能化的具体应用。

项目2 计算机系统组成

任务1 计算机系统组成概述

一个完整的计算机系统由硬件系统和软件系统两大部分组成。

硬件系统是指组成一台计算机的各种物理设备的总称,是计算机进行工作的物质基础,硬件系统主要由运算器、控制器、存储器、输入/输出设备五个部分组成。

软件系统是指在硬件设备上运行的各种程序、数据以及相关文件的集合,是用户与硬件之间的接口界面。用户主要通过软件与计算机进行交流。软件系统主要由系统软件和应用软件两大部分组成。

硬件系统和软件系统的关系是:硬件系统是软件系统赖以工作的物质基础,软件的正常工作是硬件发挥作用的唯一途径。计算机系统必须要配备完善的软件系统才能正常工作,且充分发挥其硬件的各种功能。

计算机系统的组成如图 5-1 所示。

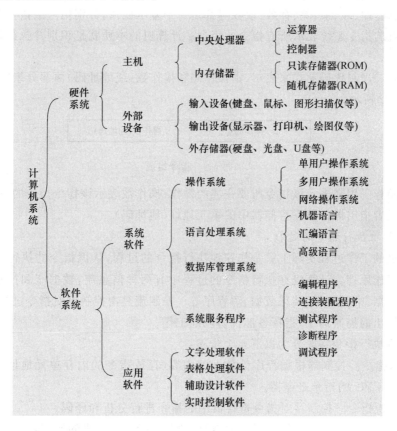

图 5-1 计算机系统的组成

任务2 计算机工作原理

计算机的工作原理是运行程序指令的过程。

1. 冯·诺依曼型计算机

美籍匈牙利科学家冯·诺依曼于 1946 年提出了计算机设计的三个基本思想:

(1) 计算机由运算器、控制器、存储器、输入设备和输出设备五大部分组成。

(2) 采用二进制形式表示计算机的指令和数据。

(3) 将程序(由一系列指令组成)和数据存放在存储器中,并让计算机自动地执行程序。

计算机的工作原理是用程序设计语言编写执行任务的程序,并与需要处理的原始数据一起通过输入设备输入并存储在计算机的存储器中,即"程序存储";在需要执行时,由控制器取出程序并按照程序规定的步骤或用户提出的要求向计算机的有关部件发布命令,并控制它们执行相应的操作,执行过程不需要人工干预而自动连续进行,即"程序控制"。

冯·诺依曼型计算机原理的核心是"程序存储"和"程序控制"。按照这一原理设计的计算机被称为冯·诺依曼计算机,其体系结构被称为冯·诺依曼结构。目前,计算机基本上遵循冯·诺依曼原理和结构,绝大部分计算机都是冯·诺依曼计算机。

2. 计算机的指令系统

指令是能被计算机识别并执行的命令,每一条指令都规定了计算机要完成的某一种基本操作,例如,加、减、乘、除、存数、取数等都是一个基本操作,分别用一条指令来实现。

计算机的指令系统表示所有指令的集合。计算机的本质就是识别并执行其指令系统中的每条指令。

指令以二进制代码形式来表示,由操作码和操作数(或地址码)两部分组成,指令的一般格式如图 5-2 所示。

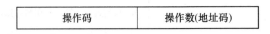

操作码	操作数(地址码)

图 5-2　指令组成

其中操作码用来表示该指令所要完成的操作;操作数表示该指令操作的对象,它直接给出操作数或者指出操作数在存储器中的单元地址(地址码)。

3. 计算机执行指令的过程

计算机的工作过程实际上就是快速地执行指令的过程,认识指令的执行过程就能了解计算机的工作原理。计算机在执行指令的过程中有两种信息流:数据流和控制流。数据流是指原始数据、中间结果、结果数据、源程序等。控制流是由控制器对指令进行分析、解释后向各部件发出的控制命令,指挥各部件协调地工作。

计算机执行指令一般分为以下 4 个步骤:

(1)取指令。控制器根据程序计数器的内容(存放指令的内存单元地址),从内存中取出指令送到 CPU 的指令寄存器。

(2)分析指令。控制器对指令寄存器中的指令进行分析和译码。

(3)执行指令。根据分析和译码的结果,判断该指令要完成的操作,然后按照一定的时间顺序向各部件发出完成操作的控制信号,完成该指令的功能。

(4)一条指令执行后,程序计数器加 1 或将转移地址码送入程序计数器,然后回到步骤(1),进入下一条指令的取指令阶段。

任务 3　硬件系统

计算机硬件系统由运算器、控制器、存储器、输入设备和输出设备五大部分组成,每个部件不仅具有一定的功能,还有机地结合在一起,通过计算机程序的控制来实现数据输入、运算、数据输出等一系列的操作过程。计算机的组成框架如图 5-3 所示。

(1)运算器。运算器(Arithmetical Logic Unit,ALU)主要负责对数据进行算术运算和逻辑运算。在控制器的统一指挥下,参加运算的操作数从内存储器中读取,在运算器中实现运算,运算的结果又写入内存储器中。

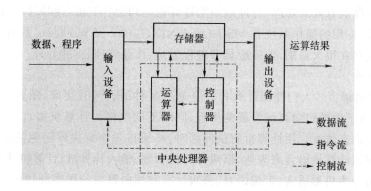

图 5-3　计算机的组成框架

（2）控制器。控制器（Control Unit,CU）主要负责从内存储器中取出指令并对指令进行分析与判断,并根据指令发出控制信号,使计算机的有关设备有条不紊地协调工作,在程序的作用下,保证计算机能自动、连续地工作。

（3）存储器。存储器（Memory）负责存储程序和数据,并根据控制指令提供相应程序和数据。

（4）输入设备。输入设备负责把外界的各种信息如程序、数据、命令、文本、图形、图像、音频、视频等输入到计算机中。其主要作用是把人们可读取的信息转换为计算机能识别的二进制代码,并输入计算机,以便计算机处理。常用的输入设备有键盘、鼠标、扫描仪、条形码读入器等。

（5）输出设备。输出设备的主要功能是将计算机中的信息以人们能够识别的形式如文字、图形、数值、声音等显示和输出。常用的输出设备有显示器、打印机、绘图仪和音箱等。

任务4　软件系统

计算机软件由程序和有关的文档所组成。程序是一系列的指令的集合。文档是软件开发过程中建立的技术资料。程序是软件的主体,一般保存在存储介质（如硬盘、光盘）中,以便安装在计算机上运行。文档对于软件的使用和维护及其重要,文档中最重要的是软件的使用手册,软件的使用手册主要包括软件的功能介绍、运行环境的要求、安装方法、操作说明以及售后服务等信息。

现在计算机软件产品越来越丰富,功能越来越强,使用越来越方便。计算机软件按用途可分为系统软件和应用软件两大类。

1. 系统软件

系统软件是由管理、监控和维护计算机资源的程序组成,其主要功能包括:启动计算机、存储、加载和执行应用程序,对文件进行排序、检索,并将程序语言翻译成机器语言等。每个用户都要用到系统软件,是用户与计算机的接口;其他程序都要在系统软件的支持下才能运行。系统软件分为五类:操作系统、计算机语言、语言处理系统、数据库管理系统和系统服务程序。

（1）操作系统。操作系统是系统软件中最基本、最核心的部分,它为用户提供一个良好的环境,是用户与计算机的接口,用户通过操作系统可以最大限度地利用计算机的功能,对计算机的运行提供有效的管理,合理地调配计算机的软硬件资源,使计算机各部分协调有效地工作。目前,常用的操作系统有 MS-DOS、UNIX、Linux 和 Windows 系列,不同操作系统的结构和形式存在很大差别,但一般具有进程管理、作业管理、文件管理、存储管理和设备管理五项基本功能。

(2)计算机语言。人们使用计算机就是通过某种语言与其交流,随着计算机技术的发展,计算机经历了由低级向高级发展的历程,同时不同风格的计算机语言也不断出现,逐步形成了计算机语言体系。用计算机解决问题时,必须首先将解决该问题的方法和步骤按一定序列与规则用计算机语言来表达,形成计算机程序,输入计算机,计算机才能自动地执行。计算机语言可分为机器语言、汇编语言、高级语言和面向对象的程序设计语言。

① 机器语言。直接用机器指令作为语句操作数据。机器指令与数据都是用一串"0"和"1"不同组合的二进制代码表示。

例如,机器语言加法表示:

00000100　　00001010

二进制"00000100"表示加法指令,"00001010"表示数字"10",指令的作用是将寄存器 AX 内容加 10,结果仍保存在寄存器 AX 中。

机器语言的特点:用机器语言编写的程序,虽然机器可以直接识别并运行,但不便记忆和使用,编程容易出错。同时机器指令是面向硬件的,不同的处理器其机器指令互不兼容,即指令的编码不同,指令的条数也不同。相同的操作,使用不同的处理器需要重新编写,因此,通常不用机器语言直接编写程序。

② 汇编语言。汇编语言是把机器语言指令用助记符和十进制数表示,助记符与机器语言是一一对应的。汇编语言是一种符号语言,它将难以记忆和辨认的二进制指令码用有意义的英文单词(或缩写)作为助记符,使之比机器语言编程前进了一大步。

例如,上面的机器语言用汇编语言表示为:

ADD　　AX,　　10

"ADD"助记词代替加法指令"00000100",把二进制数"00001010"直接用十进制"10"表示,"AX"表示寄存器,语句的作用与机器语言相同。

汇编语言的特点:汇编语言大部分与机器语言一一对应,程序简洁直观,容易编写和记忆,但语句的功能不强,程序的编写也很烦琐,同时,汇编语言也是面向机械的语言,程序的可移植性差,一般汇编语言主要用于一些底层软件的开发中,如硬件接口控制。

③ 高级语言。高级语言使用比汇编语言更接近的自然语言和数学语言,描述问题与计算公式大体一致,是易被人们掌握和书写的语言。高级语言主要有 C 语言、BASIC 语言等。

例如,上面的机器语言用 C 语言表示为:

c=c+10;

"c"表示变量,其语句作用是提取 c 的值加 10 之后再赋值 c,即 c 的值比原值增加 10。

高级语言的特点:高级语言比汇编语句更容易理解和书写,而且与计算机指令系统无关,是不依赖于计算机的面向过程的语言。

④ 面向对象的程序设计语言。面向对象的应用程序是由对象组合而成的。在设计应用程序时,设计者考虑的是应用程序应由哪些对象组成,对象间的关系是什么,对象间如何进行"消息"的传递,如何利用"消息"的协调和配合,从而完成应用程序的任务和功能。面向

对象的语言主要有 C++、C♯和 Java 语言等。

面向对象的程序设计语言的主要特征是"类"和"对象"两个基本概念,在程序设计中,利用类来创建对象,对象具有属性、方法和事件。

(3) 语言处理系统。汇编语言和高级语言编写的程序称为源程序,计算机不能识别并运行,必须经语言处理程序转换为机器语言,计算机才能识别并运行。

① 汇编语言必须经语言处理程序翻译为机器语言,计算机才能识别并执行,这个过程称为"汇编",翻译程序称为"汇编程序"。即汇编源程序→汇编程序(转换)→机械语言(可执行程序)。

② 高级语言转换为机器语言的方式有两种,一种是解释,另一种是编译。相应的语言处理系统分别称为解释程序和编译程序。

解释程序:对源程序按语句执行的动态顺序进行逐句翻译,翻译一句,执行一句,直到程序结束,如 BASIC 语言。

高级语言源程序→解释程序(转换)→机械语言(可执行程序)

编译程序:对源程序直接编译,生成目的代码,目的代码再与库文件连接生成机械语言,实现程序的运行,如 C 语言。

高级语言源程序→编译程序(转换)→连接→机械语言(可执行程序)

(4) 数据库管理系统。数据库是将具有相互关联的数据以一定的组织方式存储起来,形成数据的集合。数据库管理系统(Data Base Management System,DBMS)是具有数据定义、管理和操纵功能的软件集合。目前常用的数据库管理系统有 Access、SQL Server 和 Orace 等。

数据库管理系统主要用于档案管理、财务管理、图书管理、仓库管理、人事管理等数据处理。

(5) 系统服务程序

系统服务程序是指用户使用和维护计算机时所使用的程序,主要包括计算机的监控管理程序、调试程序、故障检查和诊断程序、各种驱动程序以及为软件研制开发工具的编辑程序、调试程序、装配和连接程序等。

2. 应用软件

计算机应用软件是为了解决计算机各类问题而编写的程序以及相关资料的总和,具有较强的专业性和实用性。应用软件主要包括文字处理软件、表格处理软件、图形图像处理软件和工具软件等。

(1) 文字处理软件。文字处理软件是在计算机上实现对文字的输入、编辑、排版和打印等操作的软件。常用的文字处理软件有 Microsoft Word、金山 WPS 等。

(2) 表格处理软件。表格处理软件是处理各种表格,包括对表格的编辑、排版、计算、分析和输出等操作的软件。常用的表格处理软件有 Microsoft Excel、金山表格等。

(3) 图形图像处理软件。图形图像处理软件是利用计算机对图形、图像进行设计、加工、色彩处理和输出的软件。常用的图形图像软件有 Adobe Photoshop、CorelDraw 等。

(4) 工具软件。工具软件是在使用计算机进行工作和学习时经常使用的软件。常用的工具软件有压缩软件 WinRAR、好压等,媒体播放软件 RealPlayer、快播等。

任务 5　微型计算机系统

从外观来看,微型计算机硬件由主机和外部设备组成,主机包括系统主板、中央处理器(CPU)、内存条;外部设备包括外存、键盘、鼠标、显示器、打印机等。

1. 系统主板

系统主板又称母板,它是固定在主机箱内的一块密集度较高的集成电路板,是计算机的核心部件。在主板上有许多插槽、接口和电子线路等,主要包括 CPU 插座、内存插槽、显卡插槽、串行和并行接口、USB 接口以及总线等,通过主板将 CPU、内存、各种适配器和外部设备有机结合起来,构成计算机系统。系统主板如图 5-4 所示。

图 5-4　系统主板

2. 接口与总线

接口是 CPU 与 I/O 设备的桥梁,它在 CPU 与 I/O 设备之间起着信息转换和匹配的作用。接口电路通过总线与 CPU 相连,构成计算机系统结构的基本框架,如图 5-5 所示。

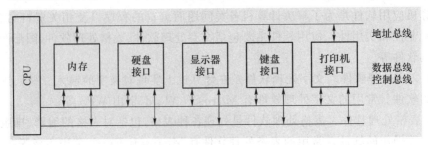

图 5-5　系统结构

(1) 接口。接口是 CPU 与外部设备的连接部件,也是 CPU 与外部设备进行信息交换的中转站。由于 CPU 与外部设备的工作方式、工作速度、信号类型等都不相同,必须通过接口电路的变换作用,使两者匹配起来。微型计算机提供的接口有显示器接口和 USB 接口等。

USB 接口,即通用串行总线是一种新型接口标准。随着计算机应用的发展,外设越来越多,使得计算机本身所带的接口不够使用。USB可以简单地解决这一问题,计算机只需通过一个USB接口,即可串接多种外设(如键盘、鼠标、数码相机、扫描仪等)。用户现在经常使用的U盘(优盘)就是连接在USB接口上的。

(2)总线。总线是连接计算机CPU、主存储器、辅助存储器、各种输入/输出设备的一组物理信号线及其相关的控制电路,它是计算机中各部件之间传输信息的公共通道。总线根据传递内容的不同,可分为数据总线、地址总线、控制总线三种。

① 数据总线。数据总线是用来传递数据和指令代码的总线。数据总线是双向的,CPU既可以向其他部件发送数据,也可以接收来自其他部件的数据。同样,CPU也是通过读(输入设备)和写(输出设备)的方式来访问外设。

② 地址总线。地址总线是用来传递地址信息,如内存地址和某个外设的地址。地址总线一般是单向传递。

③ 控制总线。控制总线是用于传递控制信息的,包括命令传送、状态传送、中断请求、直接对存储器存取的控制,以及提供系统使用的时钟和复位信号等。

3. CPU

微型计算机的中央处理器(CPU)由运算器和控制器两部分组成,是计算机的核心部件,完成计算机的运算和控制功能。随着微电子加工工艺的发展,现在微处理的所有部件都集成在一块半导体芯片上。常用的微处理有Intel公司Pentium(奔腾)系列、Celeron(酷睿)系列和AMDA8系列。Intel酷睿i5-678如图5-6所示。

图5-6 Intel酷睿i5双核

CPU控制着微机的计算、处理、输入/输出等工作,也就决定了微机的性能。

4. 存储器

存储器中主要存储计算机的指令、程序和相应的数据,存储器的容量决定着计算机的处理能力,是计算机非常重要的一个性能指标。常用的存储器主要有如下几类。

(1)内存储器。微机中的内存储一般由半导体器件构成。内存储器按其工作方式的不同,可分为随机存储器(RAM)和只读存储器(ROM)。

RAM中存放的数据随机地读取或写入,通常用来存放用户输入的程序和数据。但由于数据是通过电信号写入存储器的,因此在计算机断电后,RAM中的信息就会随之丢失。

ROM中的数据只能读取而不能写入,通常用来存放一些固定不变的程序。计算机断电后,ROM中的数据保持不变,当计算机重新接通电源后,ROM中的数据仍可读取。内存储器的容量一般有512 MB、1 GB、2 GB等。

（2）高速缓冲存储器。随着 CPU 频率的不断提高，而 RAM 的读写速度则相对较慢，为了解决 CPU 速度与内存速度不匹配的问题，设计者在 CPU 与内存储之间设计了一个容量较小，但速度较快的高速缓冲存储器（Cache）。且大都与 CPU 封装在一块芯片上，不能单独拆封。CPU 访问指令和数据时，先访问 Cache，如果数据在 Cache 中，则 CPU 直接从 Cache 中读取，否则从内存中读取，由于 CPU 的速度越来越快，内存的容量也越来越大，Cache 的容量也达到了 512KB 或 2MB。但 Cache 的容量并不是越大越好，过大的容量会降低 CPU 在 Cache 寻址的效率。

（3）外存储器。目前外存储器使用得最多的是硬盘、光盘和 U 盘。机械硬盘和光盘是以机械部件活动作为读取和存储信息的手段，存储速度较慢，特别是光盘更慢，逐渐被淘汰；固态硬盘和 U 盘是以闪存作为读取和存储信息的手段，存储速度很快，使用广泛。

5. 输入设备

输入设备主要把输入的数据转换为计算机所能处理的二进制形式。输入设备主要有键盘、鼠标、扫描仪等，其中键盘与鼠标是最为常用的两种输入设备。

（1）键盘。键盘是计算机最常用的输入设备之一。其作用是向计算机输入命令、数据和程序。键盘常用键的功能及用法如表 5-2 所示。

表 5-2　键盘常用键的功能

键盘名	中文名	功　　能
Backspace	退格键	按下此键，删除光标左边的一个字符
Enter	回车键	不论光标处在当前行中什么位置，按此键后光标将移至下行行首。也表示结束一个数据或命令的输入结束
CapsLock	大小写字母锁定转换键	当 CapsLock 指示灯亮时，处于大写状态，灯灭时，处于小写状态
Space	空格键	按下此键输入一个空格
Tab	制表定位键	一般按下此键可使光标右移 8 个字符的距离
Shift	换档键	用来选择某键的上档字符或改变大小写。操作方法是，先按住此键不放，如果输入具有上下档字符的键，则输入该键的上档字符；如果输入的是字母键，则输入与当前大小写状态相反的字母
Ctrl	控制键	用于与其他键组合成各种复合控制键
Alt	交替换档键	用于与其他键组合成特殊功能键或控制键
Esc	强行退出键	按此键可强行退出程序
Print Screen	屏幕复制键	在 Windows 系统下按此键可以将当前屏幕内容复制到剪贴板
NumLock	小键盘锁定转换键	当 NumLock 指示灯亮时，上档数字键起作用；当批示灯灭时，光标控制键起作用
Insert	插入改写键	用于切换键盘插入状态和改写状态
Delete	删除键	用于删除光标右边的字符

（2）鼠标。鼠标是一种输入设备。由于它使用方便，应用十分广泛。主要作用是控制显示屏上光标移动的位置。在软件的作用下，通过鼠标上的按钮，向计算机发出输入命令，

或完成某种操作。

鼠标一般有机械式和光电式两种,常用为光电式。光电鼠标有一个光电探测器,当鼠标移动时,光电探测器可把鼠标移动的距离和方向转换为电信号,传送给计算机来完成光标的同步移动。由于机械式鼠标的移动精度较差,且又容易损坏,现在用户大都使用光电式鼠标来操作计算机。

(3)扫描仪。扫描仪是计算机的图像输入设备。随着性能的不断提高和价格的大幅度降低,越来越多地使用于广告设计、出版印刷、网页设计等领域。按感光模式,可分为滚筒式扫描仪(CIS)和平板扫描仪(CCD)。扫描仪是利用光学扫描原理从纸介质上迅速地将照片、文字或图形等信息输入计算机进行分析处理。

6. 输出设备

输出设备的主要作用是把计算机的数据和运行结果显示在屏幕上或打印到纸上。常见的输出设备有屏幕显示器、打印机和音响设备等。

(1)显示器。显示器是微型计算机必不可少的输出设备,可以显示键盘输入的命令和数据,也可以将计算结果以字符、图形或图像的形式显示出来,使用户通过显示器一目了然地观察输入和输出的信息。现在常见的显示器为液晶(LCD)显示器,如图 5-7 所示。

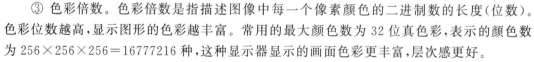

图 5-7 液晶显示器

显示器的主要参数有以下三个。

① 屏幕尺寸。屏幕尺寸是指显像管对角线的长度,常见的有 19 英寸、22 英寸等。

② 分辨率。分辨率是指显示器一屏能显示的像素数目,分辨率越高,显示的图像越细腻。19 英寸显示器的最佳分辨率为 1440×900。

③ 色彩倍数。色彩倍数是指描述图像中每一个像素颜色的二进制数的长度(位数)。色彩位数越高,显示图形的色彩越丰富。常用的最大颜色数为 32 位真色彩,表示的颜色数为 $256 \times 256 \times 256 = 16777216$ 种,这种显示器显示的画面色彩更丰富,层次感更好。

(2)打印机。打印机是各种计算机的主要输出设备。它能将计算机的信息以单色和彩色字符、汉字、表格、图像等形式打印在纸上。打印机一般通过电缆与主机连接,接口类型有并行接口(即打印机口)和 USB 接口,现在基本采用 USB 接口,将打印机与主机连接后,还必须安装打印机驱动程序,打印机才能正常工作。

打印机主要有针式打印机、喷墨打印机和激光打印机三类,如图 5-8 所示。

针式打印机

喷墨打印机

激光打印机

图 5-8 打印机外观

① 针式打印机。针式打印机是利用多根钢针通过色带在纸上打印出点阵字符或图像的打印设备,其打印头一般有 7 针、9 针、24 针和 48 针等规格。针式打印机的缺点是打印质量差、速度慢、噪声大,但优点是打印设备结构简单,成本低。

② 喷墨打印机。喷墨打印机是利用喷墨头喷射出可控的墨汁,从而在打印纸上形成文字或图片的一种打印设备。

③ 激光打印机。激光打印机是利用激光和电子放电技术,将要输出的图像信息在磁鼓上形成静电潜像,并转换为磁信号,使碳粉吸附在纸上,加热后碳粉固定,最后印出精美文字和图片的一种输出设备。激光打印机打印速度快、噪声低、质量好,但价格及打印成本高。

打印机主要有以下性能指标:

打印分辨率。打印分辨率用 dpi 表示,即每英寸打印点数,分辨率越高,打印质量越好。针式打印机一般为 180 dpi 或 300 dpi,喷墨打印机一般在 300~600 dpi 之间,而激光打印机可达到 1200 dpi。

打印速度。针式打印机速度以每秒打印的字符数计算,一般为每秒 100 个字符左右,记作 100 c/s(character per second)。而喷墨打印机和激光打印机都属于页式打印机(即按页输出),故打印速度以每分钟打印页数计算,单位为 p/m(page per minute)。喷墨打印机速度在几 p/m~几十 p/m 之间,而激光打印可达 100 p/m 以上。

项目 3 计算机数据存储

人类用文字、数字、声音、图形和图像来表达与记录各种各样的数据,以便于人们用来处理和交流,这些数据可以输入计算机,由计算机保存和处理,但是,输入到计算机中的任何数据都必须采用二进制的数字化编码形式,才能被计算机识别、存储、处理和传送,计算机内部数据编码的形式主要有两种,一种是数值型数据的编码,另一种是非数值型数据的编码。

任务 1 数值表示

任何数值,都有一定的运算规律及书写规则。掌握这两方面的内容,是掌握数据表示的基础。

1. 进位计数制

数字符号按顺序排列成数位,并遵循由低位进位到高位的规则进行计数,这种表示数值的方式,称为进位计数制,简称数制。进位计数制采用各数组合表示一个数,各数位之间的关系,即"逢几进位"称为进位的规则。例如"十进制",就是采用"逢十进一"规则的数制。

进位计数制有四个基本概念:数码、数位、基数和位权。

(1)数码。数码是一组用来表示各种数制的数字符号,如十进制数码为 0~9。

(2)数位。数位是指数码在一个数中的位置,如十进制的个位、十位、百位等。

(3)基数。基数是数制所使用的数码个数,用 N 表示,称为 N 进制。如十进制使用 0~9 这 10 个数码,其基数为 10。

(4)位权。一个数字符号处在不同数位时,它所代表的数值是不同的,不同数位上的数码所表示的数值等于该数码本身乘以一个与它所在数位有关的常数,这个常数称为"位权",简称"权"。位权的大小是以基数为底,数码所在位置的序号为指数的整数次幂,即处在某一位上的"1"所表示的数值的大小。例如十进制 111.11,个位上的 1 权值为 10^0,十位上的 1 权值为 10^1,百位上的 1 权值为 10^2,十分位上的 1 权值为 10^{-1},百分位上的 1 权值为 10^{-2},对于 N 进制数,整数部分第 i 位的位权为 N^{i-1},而小数部分第 j 位的位权为 N^{-j}。

2. 常用数制

使用计算机时,人们使用十进制向计算机输入原始数据,然后由计算机将输入的十进制数转换为二进制数,运算结束后再将结果转换为十进制数输出。这种转换是由计算机自动完成的。

由于二进制位数较多,又只有0和1两个字符,不便于书写和识读,又由于八进制和十六进制与二进制之间有精确且简单的转换关系,所以引入八进制和十六进制用来书写二进制。

常用的进制有二进制、八进制、十进制和十六进制。

(1)常用进制的特点。常用进制的特点如表5-3所示。

表5-3 常用进制的特点

进制	进位基数	数码	计数规则	标识
十进制	10	0,1,2,3,4,5,6,7,8,9	逢十进一,借一当十	D
二进制	2	0,1	逢二进一,借一当二	B
八进制	8	0,1,2,3,4,5,6,7	逢八进一,借一当八	O
十六进制	16	0,1,2,3,4,5,6,7,8,9,A,B,C,D,E,F	逢十六进一,借一当十六	H

(2)常用进制的书写规则。

脚标法:如二进制 $(100.11)_2$ 八进制 $(11.37)_8$ 十六进制 $(4F.B6)_{16}$

字母法:如二进制 100.11B   八进制 11.37O   十六进制 4F.B6H

任务2 按权展开

对于任何一个进制数,其数值都可以表示为它的各位数字与位权乘积之和,即按权展开的多项式求和表达式。

设有一个 N 进制数 D,共有 i 位整数和 j 位小数,每位数字用 a_i 表示,即数字的有序数码为:

$$D = a_{i-1}a_{i-2}\cdots a_1a_0a_{-1}a_{-2}\cdots a_{-j}$$

N 进制数 D 可以转换为一个多项式求和表达式,如下所示:

$$D = a_{i-1} \times N^{i-1} + a_{i-2} \times N^{i-2} + \cdots + a_0 \times N^0 + a_{-1} \times N^{-1} + \cdots + a_{-j} \times N^{-j}$$

此多项式求和表达式称为 N 进制数 D 按权展开。

(1)写出十进制数 123.45 按权展开表达式。

$$123.45 = 1 \times 10^2 + 2 \times 10^1 + 3 \times 10^0 + 4 \times 10^{-1} + 4 \times 10^{-2}$$

(2)写出二进制数 $(110101.101)_2$ 按权展开表达式。

$$(110101.101)_2 = 1 \times 2^5 + 1 \times 2^4 + 0 \times 2^3 + 1 \times 2^2 + 0 \times 2^1 + 1 \times 2^0 + 1 \times 2^{-1} + 0 \times 2^{-2} + 1 \times 2^{-3}$$

(3)写出十六进制数 $(56AB.C9)_{16}$ 按权展开表达式。

$$(56AB.C9)_{16} = 5 \times 16^3 + 6 \times 16^2 + 10 \times 16^1 + 11 \times 16^0 + 12 \times 16^{-1} + 9 \times 16^{-2}$$

任务3 数制转换

将数从一种数制转换为另一种数制的过程,称为数制转换。一般转换的原则是:如果两个有理数相等,则两个数的整数部分和小数部分分别相等,因此,数据之间进行转换时,通常对整数部分和小数部分分别转换,然后用小数点连接。

1. N 进制转换为十进

转换的方法是：将 N 进制 D(二、八、十六进制)按权展开的多项式求和表达式,然后按十进制运算规律对多项式各项数值求和,得到多项式的值即为 N 进制的数 D 所对应的十进制数值。

(1) 将二进制 $(101.101)_2$ 转换为十进制。

$(101.101)_2 = 1 \times 2^2 + 0 \times 2^1 + 1 \times 2^0 + 1 \times 2^{-1} + 0 \times 2^{-2} + 1 \times 2^{-3} = 5.625$

简易计算:在二进制数位为 1 的下方分别写上对应的权,再相加。

二进制位	1	0	1	.	1	0	1
对应权	4		1		0.5		0.125

权相加的结果为:5.625

(2) 将八进制 $(101.101)_8$ 转换为十进制。

$(521.14)_8 = 5 \times 8^2 + 2 \times 8^1 + 1 \times 8^0 + 1 \times 8^{-1} + 4 \times 8^{-2} = 337.1875$

简易计算:在八进制数位为非 0 的下方分别写上对应的权,对应相乘后,再相加。

八进制位	5	2	1	.	1	4
对应权	64	8	1		0.125	0.015625
位权相乘	320	16	1		0.125	0.0625

位权相乘的数相加的结果为:337.1875

(3) 将十六进制 $(A81.C5)_{16}$ 转换为十进制。

$(A81.C5)_{16} = 10 \times 16^2 + 8 \times 16^1 + 1 \times 16^0 + 12 \times 16^{-1} + 5 \times 16^{-2} + 1 \times 16^{-3} = 43024.76953$

简易计算:在十六进制数位为非 0 的下方分别写上对应的权,对应相乘后,再相加。

十六进制位	10	8	1	.	12	5
对应权	4096	256	16		0.0625	0.00390625
位权相乘	40960	2048	16		0.75	0.01953125

位权相乘的数相加的结果为:43024.76953

2. 十进制转换为 N 进制

将十进制数转换为 N 进制(如二、八、十六进制)的等效表示,也是分成整数与小数两部分,分别转换,然后再组合起来。

整数部分的转换采用"除 N(2、8、16)取余"法。其转换原则是:将待转换的十进制数除以 N,得到一个商和余数(K_0),再将商除以 N,又得到一个新商和余数(K_1),如此反复,得到的商是 0 时得到余数(K_{n-1}),然后将所得到的各位余数,以最后余数为最高位,最初余数为最低位依次排列,即 $K_{n-1}K_{n-2}\cdots K_1K_0$,就是该十进制数整数部分转换为对应的 N 进制数的整数部分。这种方法又称为"倒序法"。

小数部分的转换采用"乘 N(2、8、16)取整"法。其转换原则是:将十进制数的小数乘以 N,取乘积中的整数部分作为相应 N 进制数小数点后最高位 K_{-1},反复乘 N,逐次得到 K_{-2}、K_{-3}、$\cdots$、K_{-m},直到乘积的小数部分为 0 或达到所要求的精确度为止。然后把每次乘积的整数部分由上而下依次排列起来,即 $K_{-1}K_{-2}\cdots K_{-m}$,就是该十进制数小数部分转换为 N 进制数的小数部分。这种方法又称为"顺序法"。

(1) 将十进制 124.534 转换成二进制数,小数部分精确到 5 位。

整数部分的转换：

$$124 = (1111100)_2$$

小数部分的转换：

$$0.532 = (0.10001)_2$$

组合的结果为：$124.532 = (1111100.10001)_2$

注意：十进制小数部分常常不能准确地换算为二（或八、十六）进制，存在转换误差，只能精确到一定的小数位数。

（2）将十进制 1228.258 转换成八进制数，小数部分精确到 4 位。

整数部分的转换：

$$1228 = (2314)_8$$

小数部分的转换

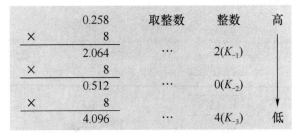

$$0.258 = (0.204)_8$$

组合的结果为：$1228.258 = (2314.204)_8$

3.二进制与八进制的转换

由于 $2^3 = 8$，所以 1 位八进制相当于 3 位二进制，八进制与二进制之间相互转换是精确的，且非常容易。

将八进制转换为二进制的方法是：以小数点为中心，向左向右每 1 位八进制用相应的 3 位二进制取代即可，如果不足 3 位，前面补 0。反之，二进制转换为相应的八进制，也是以小数点为中心，向左向右每 3 位二进制（前不足 3 位的，前面补 0，后不足 3 位的，后面补 0）用相应的 1 位八进制取代。

(1) 将八进制 $(423.45)_8$ 转换为二进制：

4	2	3	.	4	5
100	010	011	.	100	101

$$(423.45)_8 = (100010011.100101)_2$$

(2) 将二进制数 $(1101010100.10111)_2$ 转换为八进制：

001	101	010	.	101	110
1	5	2	.	5	6

$$(1101010100.10111)_2 = (1524.56)_8$$

4.二进制与十六进制的转换

由于 $2^4 = 16$，所以 1 位十六进制相当于 4 位二进制数，十六进制与二进制之间相互转换是精确的，且非常容易。

将十六进制转换为二进制的方法是：以小数点为中心，向左向右每 1 位八进制用相应的 4 位二进制取代即可，如果不足 4 位，前面补 0。反之，二进制转换为相应的十六进制，也是以小数点为中心，向左向右每 4 位二进制（前不足 4 位的，前面补 0，后不足 4 位的，后面补 0）用相应的 1 位八进制取代。

(1) 将十六进制 $(C82.D5)_{16}$ 转换为二进制：

C	8	2	.	D	5
1100	1000	0010	.	1101	0101

$$(C82.D5)_{16} = (110010000010.11010101)_2$$

(2) 将二进制数 $(1101010100.10111)_2$ 转换为十六进制：

0011	0101	0100	.	1011	1000
3	5	4	.	B	8

$$(1101010100.10111)_2 = (354.B8)_{16}$$

任务4　英文编码

由于字符是常用的非数据型数据,在计算机信息处理中占有极其重要的地位,它是用户和计算机之间的桥梁。用户使用计算机的输入设备,通过键盘上的字符键向计算机内输入命令和数据,计算机把处理后的结果也以字符的形式输出到屏幕或打印机等输出设备。这就需要对字符进行编码,建立字符与二进制串之间的对应关系,以便于计算机识别、存储和处理。

目前使用最广泛的英文字符是美国国家信息交换标准代码,简称 ASCII 码(American Standard Code for Information Interchange)。

(1) ASCII 编码。ASCII 由 7 位二进制数对字符进行编码,即用 0000000～1111111 共 2^7(128)个不同的数码串分别表示常用的 128 个字符,如表 5-4 所示。数字 0～9、字母 A～Z、a～z 都是按顺序排列的,通过表可以查询任意一个字符的编码,其排列次序为 $d_6d_5d_4d_3d_2d_1d_0$,例如 J 的 ASCII 编码是:1001010(4AH)。

表 5-4　ASCII 字符编码

$d_3d_2d_1d_0$ ＼ $d_6d_5d_4$	000	001	010	011	100	101	110	111
0000	NUL	DEL	SP	0	@	P	、	P
0001	SOH	DC1	!	1	A	Q	a	q
0010	STX	DC2	”	2	B	R	b	r
0011	EXT	DC3	#	3	C	S	c	s
0100	EOT	DC4	$	4	D	T	d	t
0101	ENQ	NAK	%	5	E	U	e	u
0110	ACK	SYN	&.	6	F	V	f	v
0111	BEL	ETB	,	7	G	W	g	w
1000	BS	CAN	(	8	H	X	h	x
1001	HT	EM	)	9	I	Y	i	y
1010	LF	SUB	*	:	J	Z	j	z
1011	VT	ESC	+	;	K	〔	k	{
1100	FF	FS	,	<	L	\	l	⊥
1101	CR	GS	—	=	M	〕	m	}
1110	SD	RS	.	>	N	∧	n	～
1111	SI	US	/	?	O	_	o	DEL

ASCII 码字符可分为两大类:

① 打印字符。即从键盘输入并显示的字符,共 95 个,包括大小写英文字母 52 个、数字 10 个(0～9)、专用符号 33 个。其中数字字符的高 3 位编码为 011,低 4 位为 0000～1001,正好是二进制形式的 0～9;英文字符的大小写在同一行,相差 32 位,方便记忆。

② 非打印字符。即不对应任何可印刷字符,共 33 个,其编码为 0000000~0011111 和 1111111。非打印字符通常为控制符,用于计算机通信中的通信控制或对设备的功能控制。如编码值为 127(1111111),是删除控制 DEL 码,它用于删除光标之后的字符。

(2) ASCII 存储。用一个字节存储一个字符,低七位由 ASCII 码占用,最高位补 0,作为校验码,用来加强字符的识别能力。

任务 5 中文编码

用计算机处理中文时,必须先将中文编码化,从汉字的输入、处理到输出,不同阶段采用不同的编码,汉字的主要编码有:汉字的输入码、区位码、汉字交换码、汉字内码、汉字字形码。

计算机处理汉字的过程是通过汉字输入码将汉字信息输入到计算机内部,再用汉字交换码和汉字内码对汉字进行信息加工、转换、处理,最后使用汉字字形码将汉字从显示器上显示出来,或从打印机打印出来。

1. 区位码

国家标准局 1980 年颁布的《信息交换用汉字编码字符集·基本集》,代号为 GB 2312—80。GB 2312—80 中共有 7445 个字符符号:其中汉字符号 6763 个(一级汉字 3755 个,按汉语拼音字母顺序排列;二级汉字 3008 个,按部首笔画顺序排列),非汉字符号 682 个。

GB 2312—80 规定,所有 7445 个字符符号组成一个 94×94 的方阵。在此方阵中,每一行称为一个"区"(区号为 01~94),每一列称为一个"位"(位号为 01~94)。一个字符符号所在的区号和位号的组合就构成了该汉字的"区位码"。

区位码用 4 位十进进数表示,其中,高两位为区号,低两位为位号。区位码与字符符号是一一对应关系,一个字符符号的区位码是唯一的,没有重码,区位码表如表 5-5 所示。汉字从 16 区开始编码,从表中查得"中"的区位是 5448,"国"的区位码是 2590。

表 5-5 区位码表

位 区	01	…	48	…	90	…	94
01							
…							
16	啊		靶		苞		剥
…							
25	埂		剐		国		哈
…							
54	帧		中		助		筑
…							
94							

2. 汉字编码——国标码(交换码)

GB 2312—80 规定的汉字交换码作为国家标准汉字编码。交换码又称国标码。国标码规定,每个汉字(包括非汉字的一些符号)用 2 个字节即 16 位二进制表示(书写时用 16 进制),每个字节使用低 7 位,最高位补 0,汉字国标码由区位转换得到,转换规则如下为先把区位码的区号、位号分别转换为十六进制,再分别加 20H(十进制 32),即:

国标码高位 H=区码 H+20H

国标码低位 H=位码 H+20H

高位低位组合一起,构成国标码 16 进制表示。

计算"中"的国标码:

查区位表得"中"的区号:54,十六进制为:36H

位号:48,十六进制为:30H

"中"国标码高位:区号 H+20H=36H+20H=56H

低位:位号 H+20H=30H+20h=50H

"中"的国标码为:5650H

GB 2312—80 是最早制定的汉字编码,包括 6763 个汉字和 682 个其他符号,1995 年重新修订了编码,命名为 GBK1.0,共收录了 21886 个符号。之后又推出了 GBK18030 编码,共收录了 27484 个汉字,同时还收录了藏文、蒙文、维吾尔文等主要的少数民族文字,现在 Windows 平台必需要支持 GBK18030 编码。按照 GBK18030、GBK、GB2312 的顺序,3 种编码是向下兼容,同一个汉字在三个编码方案中是相同的编码。

3. 汉字存储——内码

汉字机内码是计算机系统对汉字进行存储、处理传输统一使用的代码。在计算机中,内码由国标码转换得到,规则如下:

内码 H = 国标码 H + 8080H = 区位码 H + A0A0H

即把国标码每个字节的最高位由 0 改为 1,其余位不变。

计算"中""国"的内码

计算方法如表 5-6 所示。

表 5-6　"中""国"内码的计算方法

汉字	区位码 十进制	区位码 十六进制	国标码 区位码 H+2020H	内码 国标码 H+8080H
中	5448	3630H	5650H	D6D0H
国	2590	195AH	397AH	B9FAH

4. 输入码

输入码又称外码,是指直接从键盘输入汉字而设计的一种编码。

对于同一汉字而言,输入法不同,其输入码也是不同的。例如,对于汉字"啊",在区位码输入法中的输入码是 1601,在拼音输入中的输入码是 a,而在五笔字型输入法中是 KBSK。但汉字的内码却是一样的,在计算机内部存储汉字使用的汉字内码,输入汉字时,计算机自动将各种不同的输入码转换为统一的汉字内码,进行汉字的处理。

汉字的输入码种类繁多,大致有 4 种类型,即音码、形码、数字码和音形码。

5. 字形码

汉字在显示和打印输出时,是以汉字字形信息表示的,即汉字的字形码。计算机显示一个汉字的过程首先是根据其内码找到该汉字字库中的地址,然后将该汉字的字形在屏幕上输出。因而每一个汉字的字形都必须预先存放在计算机内。GB 2312—80 国标汉字字符集的所有字符的形状描述信息集合在一起,形成字形信息库,称为字库。通常有点阵字库和矢量字库。

点阵字库是以点阵的方式形成汉字图形,常用作显示字库使用,根据汉字输出的精度要求,有不同的点阵,主要有 16×16、24×24、32×32 等。在汉字的点阵中每个点的信息用一位二进制码来表示,"1"表示对应的位置处是黑点,"0"表示对应的位置处是空白。字形点阵的信息量很大,所占据的存储空间也很大,例如 16×16 点阵,每个汉字占 32 个字节,存储一级、二级汉字及符号共 8836 个,需要 276.125KB 磁盘空间。此外,点阵字库汉字最大的缺点是不能放大,一旦放大后就会发现文字边缘的锯齿。

矢量字库保存的是对每一个汉字的描述信息,比如一个笔画的起始、终止坐标,半径、弧度等。在显示、打印这一类字库时,要经过一系列的数学运算才能输出结果,但是这一类字库保存的汉字理论上可以被无限地放大,笔画轮廓仍然能保持圆滑,现在打印时使用的字库均为此类字库。

Windows 使用的字库也为以上两类,在 FONTS 目录下,如果字体扩展名为 FON,表示该文件为点阵字库,扩展名为 TTF 则表示矢量字库;点阵字库文件的图标为一个红色的"A",矢量字库图标是两个"T"。

模块6　计算机网络基础

本模块学习的主要内容是计算机网络定义、分类、网络拓扑结构,网络组成,Internet 接入与应用,以及病毒预防等知识。

项目1　计算机网络概述

计算机网络是现代通信技术与计算机技术相结合的产物,它是把分布在不同地理区域的计算机与专门的外部设备用通信线路互联成一个规模大、功能强的网络系统,从而使众多的计算机可以互相传递信息,达到资源共享的目的。

用户可以通过网络传送电子邮件、发布新闻消息、进行实时聊天,还可以进行电子购物、电子贸易以及进行远程视频教育等。

任务1　计算机网络概念

计算机网络是计算机技术与通信技术相结合的产物,把分布在不同地理位置上的具有一定功能的计算机,通过通信设备和通信线路相互连接起来,在通信软件的支持下实现数据传输和资源共享的系统。

最简单的计算机网络是将两台计算机互连,而因特网则是将世界是各地的计算机连接起来的庞大计算机网络。

任务2　计算机网络分类

计算机网络千变万化,可以从不同角度进行分类,常见的分类方法有如下几种:

(1) 按网络的覆盖范围划分。这是划分网络最常用的方法,按照一个网络所占有的地理范围的大小划分成如下三种:

① 局域网(LAN)。覆盖范围有限,一般不超过 10 千米,属于一个部门或一个单位自己组建的小型网络,比如一个宿舍里的网络、一个学校的校园网。

② 广域网(WAN)。覆盖的范围很大,可达几千万千米,例如一个国家或洲际之间建立的网络。世界上最大的广域网是 Internet。

③ 城域网(MAN)。覆盖范围介于局域网和广域网,现在提得不多,多数情况下划入广域网的范畴。

(2) 按网络的拓扑结构划分,可分为总线型、星形、环形、树形、网状形。

(3) 根据网络所使用的传输介质划分,可分为双绞线网络、同轴电缆网络、光纤网络、微波网络和卫星网络等。

任务 3　网络拓扑结构

计算机网络的拓扑结构是用相对简单的拓扑图形式表达计算机网络中各个站点相互连接的方法和形式。常见的网络拓扑主要有总线型、星形、环形、树形、网状形等。

1. 总线型拓扑结构

总线型拓扑结构采用单根传输线作为传输介质，网络上的所有站点都通过相应的硬件接口直接连到这一公共传输介质上，该公共传输介质即称为总线，如图 6-1 所示。当一个站点要通过总路线进行传输时，它必须确定该传输介质是否正被使用，如果没有其他站点正在传输，就可以发送信号了，信号能被所有其他站所接收，然后判断其地址是否与接收地址匹配，若不匹配，则发送互该站点的数据将被丢弃。

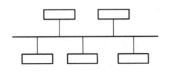

图 6-1　总线型拓扑结构

总线型拓扑结构的优点：

（1）总线结构所需要的电缆数量少。

（2）总线结构简单，又是无源工作，有较高的可靠性。

（3）易于扩充，增加或减少用户比较方便。

总线型拓扑结构的缺点：

（1）总线的传输距离有限，通信范围受到限制。

（2）故障诊断和隔离较困难。

2. 星形拓扑结构

星形拓扑是由中央结点和通过点到点通信链路接到中央结点的各个站点组成，如图 6-2 所示。中央结点执行集中式通信控制策略，因此中央结点相当复杂，而各个站点的通信处理负担都很小。

星形拓扑结构具有以下优点：

（1）控制简单。在星形网络中，任何一个站点只和中央结点相连接，因而媒体访问控制方法很简单，致使访问协议也十分简单。

（2）故障诊断和隔离容易。在星形网络中，中央结点对连接线路可以逐一地隔离开来，进行故障检测和定位，单个连接点的故障只影响一个设备，不会影响全网。

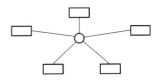

图 6-2　星形拓扑结构

（3）方便服务。中央结点可方便地对各个站点提供服务和网络重新配置。

星形拓扑结构的缺点：

（1）电缆长度和安装工作量可观。因为每个站点都要和中央结点直接连接，需要耗费大量的电缆，安装、维护的工作量也骤增。

（2）中央结点的负担较重，形成瓶颈。一旦发生故障，则全网受影响，因而对中央结点的可靠性和冗余度方面的要求很高。

（3）各站点的分布处理能力较低。

3. 环形拓扑结构

环形拓扑结构是一个像环一样的闭合链路，在链路上有许多中继器和通过中继器连接到链路上的结点。也就是说，环形拓扑结构网络是由一些中继器和连接到中继器的点到点链路组成的一个闭合环。在环形网中，所有的通信共享一条物理通道，即连接网中所有结点的点到点链路,如图 6-3 所示。

环形拓扑结构的优点:

(1) 电缆长度短。环形拓扑网络所需的电缆长度和总线拓扑网络相似,但比星形拓扑网络要短得多。

(2) 当增加或减少工作站时,仅需简单的连接操作。

(3) 可使用光纤。光纤的传输速率很高,十分适合于环形拓扑的单方向传输。

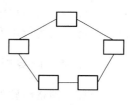

图 6-3　环形拓扑结构

环形拓扑结构的缺点:

(1) 结点的故障会引起全网故障。这是因为环上的数据传输要通过接在环上的每一个结点,一旦环中某一结点发生故障就会引起全网的故障。

(2) 故障检测困难。这与总线拓扑相似,因为不是集中控制,故障检测需在网上各个结点进行,因此就不很容易检测。

(3) 环形拓扑结构的媒体访问控制协议都采用令牌传递的方式,在负载很轻时,信道利用率相对来说就比较低。

4. 树形拓扑结构

树形拓扑从总线拓扑演变而来,形状像一棵倒置的树,顶端是树根,树根以下带分支,每个分支还可再带子分支,如图 6-4 所示。树根接收各站点发送的数据,然后再广播发送到全网。树形拓扑的特点大多与总线拓扑的特点相同,但也有一些特殊之处。

树形拓扑结构的优点:

(1) 易于扩展。这种结构可以延伸出很多分支和子分支,这些新结点和新分支都能容易地加入网内。

(2) 故障隔离较容易。如果某一分支的结点或线路发生故障,很容易将故障分支与整个系统隔离开来。

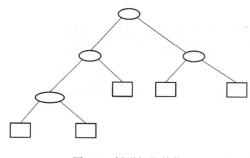

图 6-4　树形拓扑结构

树形拓扑结构的缺点:

各个结点对根的依赖性太大,如果根发生故障,则全网不能正常工作。从这一点来看,树形拓扑结构的可靠性有点类似于星形拓扑结构。

5. 网状形拓扑结构

网状形拓扑结构如图 6-5 所示。这种结构在广域网中得到了广泛的应用,它的优点是不受瓶颈问题和失效问题的影响。由于结点之间有许多条路径相连,可以为数据流的传输选择适当的路由,从而绕过失效的部件或过忙的结点。这种结构虽然比较复杂,成本也比较高,提供上述功能的网络协议也较复杂,但由于它的可靠性高,仍然受到用户的欢迎。

以上分析了几种常用拓扑结构的优缺点。不管是局域网还是广域网,其拓扑的选择需要考虑诸多因素:网络既要易于安装,又要易于扩展;网络的可靠性也是考虑的

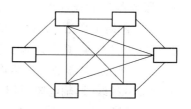

图 6-5　网状形拓扑结构

重要因素,要易于故障诊断和隔离,以使网络的主体在局部发生故障时仍能正常运行;网络拓扑的选择还会影响传输媒体的选择和媒体访问控制方法的确定,这些因素又会影响各个站点在网上的运行速度和网络软、硬件接口的复杂性。

任务4 计算机网络基本组成

计算机网络由软件部分和硬件部分组成,其中软件部分包括网络协议、网络操作系统、网络服务;硬件部分包括网络服务器、网络工作站、网络设备等。

1. 软件部分

(1) 网络协议。网络协议是通信双方必须遵守的规则、标准或某种约定的集合。常见的协议有 TCP/IP、IPX、AppleTalk 等。

TCP/IP 协议称为传输控制协议/国际协议,它是 Internet 的基础。TCP/IP 协议是网络中使用的基本通信协议。

虽然从名字上看 TCP/IP 包括传输控制协议(TCP)和网际协议(IP)两个协议,但实际上 TCP/IP 是一组协议,它包括上百个协议,如远程登录、文件传输和电子邮件协议等,而 TCP 协议和 IP 协议是保证数据完整传输的两个基本的重要协议。一般来说,TCP/IP 要 Internet 协议簇,而不单单是 TCP 和 IP。

(2) 网络操作系统。网络系统软件是控制和管理网络运行、提供网络通信、分配和管理共享资源的网络软件。其中包括网络操作系统、网络协议软件(如 TCP/IP 软件)、通信控制软件和管理软件等。

网络操作系统是网络软件的核心软件,除具有一般操作系统的功能外,还具有管理计算机网络的硬件资源与软件资源、计算机网络通信和计算机网络安全等方面的功能。

目前流行的网络操作系统有 Windows 2000 Server、Windows NT 4.0 Server 2010、UNIX、Linux 和 NeWare 等。Windows 9.X 和 Windows 7 也具有一定的网络管理功能,但它们不属于专业的网络操作系统。

(3) 网络通信软件。网络通信软件是实现网络工作站之间的通信基础。

(4) 网络管理软件。网络管理软件主要对网络资源进行管理和维护。

(5) 网络应用软件。网络应用软件分为两类:一类是用来扩充网络操作系统功能的软件,如浏览器软件、电子邮件客户软件、文件传输(FTP)软件、BBS 客户软件、网络数据库管理软件等;另一类是基于计算机网络应用而开发出来的用户软件,如民航售票系统、远程物流管理软件等。

2. 硬件部分

(1) 网络服务器。网络服务器是网络中为其他计算机提供某种服务的计算机。常见的网络服务器有 WWW 服务器、FTP 服务器、电子邮件服务器、DNS 服务器等。

(2) 网络工作站。网络工作站是网络用户实际操作的计算机,通常是 PC,主要完成信息浏览、文件传输、桌面数据处理等功能。

(3) 网络连接设备。网络连接设备是将不同地理位置上的计算机相互连接在一起的设备,例如双绞线、同轴电缆、网卡、Modem、集线器、交换机、路由器等。

① 网络适配器。网络适配器又称网络接口卡,简称网卡。网卡是构成网络必需的基本设备,插在计算机扩展槽中,也有的网卡集成于计算机主板中,用于将计算机和传输媒介相

连。目前,最常用的网卡接口是 RJ－45 接口,这种接口通过双绞线连接网络,通常是连接到集线器或交换机。另外,还有用于连接同轴电缆的 BNC 接口,用于连接光纤线缆的光纤接口,光纤接口的类型较多,如 FC、SC 和 ST 等。

② 调制解调器。调制解调器是实现计算机通过公用电话网(PSTN)接入网络(通常是接入因特网)的设备,它具有调制和解调两种功能,以实现模拟信号与数字信号之间的相互转换。调制解调器分为外置和内置两种,外置调制解调器是在计算机机箱之外使用的,一端用线连接在计算机上,另一端与电话线连接。内置调制解调器集成在计算机主板中。

③ 集线器。集线器是网络传输媒介中的中间结点。常在星形网络中充当中心结点的角色,是局域网的基本连接设备。

④ 路由器。路由器是指通过相互连接的网络,把信号从源结点传输到目的结点的活动。一般来说,在路由器的工作过程中,信号将经过一个或多个中间结点。路由是为一条信息选择最佳传输路径的过程,是实现网络互连的通信设备。在复杂的互联网络中,路由器为经过该设备的每个数据帧(信息单元)寻找一条最佳传输路径,并将其有效地转到目的结点。

⑤ 交换机。交换机是集线器的升级换代产品。交换机还包括物理编址、错误检验及信息流量控制等功能。目前一些高档交换机还具备对虚拟局域网(VLAN)的支持,对链路汇聚的支持,甚至有的还具有路由和防火墙等功能。交换机是目前最热门的网络设备,既用于局域网,也用于因特网。

除上面介绍的网络连接设备外,还有中继器(Repeater)、网桥(Bridge)、网关(Gateway)、收发器(Transceiver)等网络设备。

随着无线局域网技术的推广应用,发展起越来越多的无线网络设备(如无线网卡、无线网络路由器等),用于组建无线局域网。

3. C/S 结构和 B/S 结构

网络及其应用技术的发展,推动了网络计算模式的不断更新。网络计算机模式主要有 C/S 结构与 B/S 结构两种。

(1) C/S 结构。C/S(Client/Server)结构又称 C/S 模式或客户端/服务器模式,是以网络为基础,以数据库为后援,把应用分布在客户端和服务器上的分布处理系统。服务器提供共享资源和储存、打印等各类服务,通常采用高性能的微机或小型机,并采用大型数据库系统,如 Oracle、SQL Server 等。客户端又称工作站,它向服务器请求服务,并接受服务器提供的各种服务。C/S 的优点是能充分发挥客户端的处理能力,很多工作可以在客户端处理后再提供给服务器;缺点是只适用于局域网,客户端需要安装专用的客户端软件,系统软件升级时每一台客户机需要重新安装客户端软件。

(2) B/S 结构。B/S(Browser/Server)结构又称 B/S 模式或浏览器/服务器模式,是 Web 兴起后的一种网络结构模式。服务器端除了要建立文件服务器或数据库服务器外,还必须配置一个 Web 服务器,如 Microsoft 公司的 IIS(Internet Information Server),负责处理客户的请求并分发相应的 Web 页面。客户端上只要安装一个浏览器即可,如 Internet Explorer。客户端通常也不直接与后台的数据库服务器通信,而是通过相应的 Web 服务器"代理",以间接的方式进行。

B/S 结构最大的优点是系统的使用和扩展非常容易,只要有一台能上网的计算机并拥有由系统管理员分配的用户名和密码,就可以使用了。甚至可以在线申请,通过公司内部的安全认证(如CA证书)后,不需要人的参与,系统可以自动分配给用户一个进入系统的账号。B/S架构的软件只需要管理服务器就行了,所有的客户端只是浏览器,根本不需要做任何维护。这种模式统一了客户端,将系统功能实现的核心部分集中到服务器上,简化了系统的开发、维护和使用。目前,B/S结构的应用越来越广泛。

项目2 Internet 接入与应用

任务1 认识与接入

Internet 即因特网,它是一种国际性的计算机互联网络,又称国际计算机互联网。它以TCP/IP 网络协议将各种不同类型、不同规模、位于不同地理位置的物理网络连接成一个整体。它最初是由美国政府及科研机构建立起来的,目的是为了方便美国政府及科研工作者互相通信。近十年来,随着社会、科技、文化和经济的发展,特别是计算机网络技术和通信技术的发展,人们对开发和使用信息资源越来越重视,强烈地刺激着因特网的发展。

1. IP 地址

在TCP/IP 网络中,为了标识每一台主机,必须给其分配一个唯一的IP地址。同一台主机可以设置多个IP地址,但一个IP地址只能分配给一台主机,不能在TCP/IP网络中存在两台主机具有相同的IP地址。这里的主机不仅指计算机,还包括一些通信设备,如交换机、路由器,甚至是网络打印机。

目前使用的IP地址是IPV4版本,由32位二进制组成,分为4个字节,每8位二进制数位为一个字节,中间用点号"."分隔,例如,11000000.10101000.01100101.00000101。通常IP地址采用"点分"十进制表示,也就是每个字节用十进制表示,所以上面的IP地址表示为192.168.101.5。

IP地址的结构分为网络标识和主机标识(主机ID)。网络标识表示计算机所在的网络,主机标识表示计算机在该网络中的标识,如图6-6所示。

图6-6 IP 地址结构

IP地址分配的基本原则:为同一网络内的所有主机分配相同的网络标识号,同一网络内的不同主机分配不同的主机标识以区分主机,不同网络的主机具有不同的网络标识号,但是可以具有相同的主机标识。

当给主机分配了一个IP地址之后,还要配置一个子网掩码。子网掩码用来区分网络标识和主机标识,并判断目的主机的IP地址是属于本地网段还是远程网段,它是一个与IP地址对应的32位数字,其用所有的1表示网络地址,所有的0表示主机地址。

IP地址总共分为5类,即A类、B类、C类、D类和E类,其中A类、B类、C类由InterNIC(Inter 网络信息中心)在全球范围内统一分配,D类、E类作为特殊地址。各类IP地址的范围和默认子网掩码如表6-1所示。

表 6-1　IP 地址的范围

类别	IP 地址范围	默认子网范围
A 类	0.0.0.0～126.255.255.255	255.0.0.0
B 类	128.0.0.0～191.255.255.255	255.255.0.0
C 类	192.0.0.0～223.255.255.255	255.255.255.0

备注:127.0.0.0～127.255.255.255 IP 地址是作为循环测试用的保留 IP 地址。

通过 IP 地址的第一个字节的数字,就可以判断该 IP 属于哪类 IP 地址。比如 IP 地址 202.116.191.1 的第一个字节是 202,查表可知其属于 C 类 IP 地址。

2. 域名系统

IP 地址是一个 32 位的二进制地址,用点分十进制来表示,它十分冗长,且不便记忆。因此人们研究了一种符号型标识,就像人类的姓名一样,用来标识一台计算机,这样一台计算机就同时可以使用 IP 地址和域名来标识。

例如 220.181.29.154 是网易的服务器地址,不便记忆,但 http://www.163.com 域名更容易记忆。

既然域名这么好记,那能不能不要 IP 地址呢? 答案是否定的,因为虽然域名很方便记忆,但是这只是针对人来说的,对于计算机来说,它只能识别数字 0 和 1,它是不能识别符号的,它能识别的只是二进制的 IP 地址。这样,人们为了方便记忆使用域名,而计算机却只能识别 IP 地址,那么就必须存在一个能将域名转为 IP 地址,或将 IP 地址转为域名的系统。

域名系统就是能将域名和 IP 地址进行相互转换的软件。域名服务器就是用来处理域名和 IP 地址转换的计算机,也就是安装了域名系统的计算机。

域名(Domain Name)是由一串用点分隔的名字组成的 Internet 上某一台计算机或计算机组的名称。

有了域名之后,就可以给一个组织里的某台计算机起个名字来标识它。通常每台计算机的标准名称包括域名和主机名,之间用圆点分隔,第一段是主机名,后面的是域名,如表 6-2 所示。

表 6-2　域名组成

www	.	163	.	com	
万维网		网易主机名		商业域名	
www	.	pku	.	edu	.	cn
万维网		北京大学主机名		教育域名		国家域名

标准名称的命名规则是从右到左越来越小,从右到左是顶级域名、次高域名、最低域名、主机名,各层间用圆点"."分割,域名对大小写是不敏感的。

Internet 中的域名的顶层分为两大类:通用顶级域名和国家顶级域名。通用顶级域名如表 6-3 所示,国家顶级域如表 6-4 所示。

表 6-3　通用顶级域名

域名代码	用途	域名代码	用途
com	商业组织	art	突出文化单位
edu	教育机构	firm	公司、企业
gov	政府部门	info	提供信息服务单位
mil	军事部门	nom	代表个人
org	非盈利组织	rec	突出消遣娱乐活动单位
net	主要网络支持中心	store	销售公司或企业
int	国际组织	web	突出 WWW 活动单位

表 6-4　国家顶级域名

域名	国家和地区	域名	国家和地区
au	澳大利亚	in	印度
ca	加拿大	jp	日本
cn	中国	kp	韩国
hk	中国香港	us	美国
tw	中国台湾	nl	荷兰
de	德国	uk	英国
ru	俄罗斯	nz	新西兰
fr	法国	it	意大利

在 Internet 中,域名具有唯一性,即独一无二,为了做到这一点,在使用域名之前,首先得向管理域名的组织进行申请,管理域名的组织需要保证域名的唯一性。

综上所述,IP 地址和域名都可以用来表示网络上的某台计算机,那么 IP 地址和域名之间的关系又如何呢? IP 地址与域名地址是一对多的关系,也就是说多个不同的域名可以对应同一个 IP 地址。

3. 利用 ADSL 接入

要使用 Internet,首先必须接入到 Internet,接入 Internet 有几种方式,各种方式都有一定的区别,可以选择适当的方式接入到 Internet。接入到 Internet 的方式一般有:普通拨号上网、ISDN 接入、ADSL 接入、DDN 接入以及无线接入等,下面介绍采用 ADSL 的方式接入到 Internet 中。

在 Windows 7 上,要利用 ADSL 上网,要经过 ADSL 硬件安装和建立 ADSL 的拨号连接。

（1）安装 ADSL 硬件。安装 ADSL 硬件所需要的设备包括计算机（带网卡）、网线、ADSL Modem、电话线滤波器以及电话线。把各设备连接起来，如图 6-7 所示。

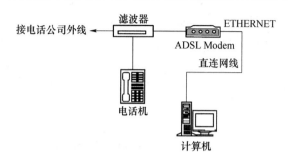

图 6-7　ADSL 连接

（2）建立 ADSL 的拨号连接。

操作步骤：

① 单击"开始"菜单→"控制面板"→"网络和 Internet"，弹出"网络和 Internet"选项窗口，单击"网络和共享中心"，如图 6-8 所示。

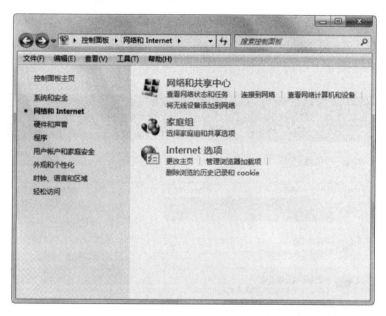

图 6-8　"网络和 Internet"选项窗口

② 单击"网络和共享中心"，弹出"网络和共享中心"对话框，如图 6-9 所示。单击"更改网络设置"列表中的"设置新的连接或网络"。

③ 弹出"连接选项"对话框，选择"连接到 Internet"，如图 6-10 所示，单击"下一步"按钮。

④ 弹出"选择连接"对话框，选中"否，创建新连接"，如图 6-11 所示，单击"下一步"按钮。

⑤ 弹出"如何连接"对话框，单击"宽带"按钮，如图 6-12 所示。

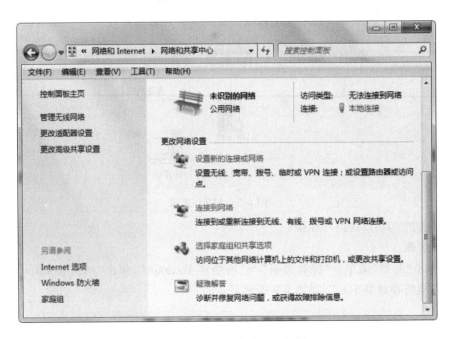

图 6-9 "网络和共享中心"对话框

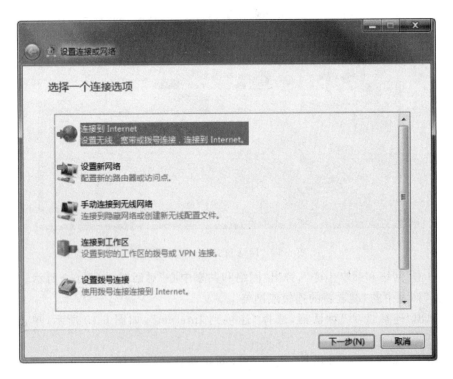

图 6-10 连接到 Internet 方式

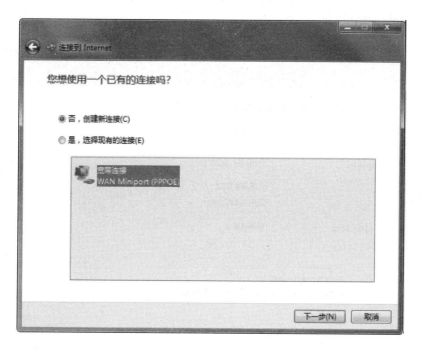

图 6-11　"选择连接"对话框

图 6-12　宽带连接

⑥ 弹出"Internet 账户信息"对话框,如图 6-13 所示,输入申请时服务商提供的用户名和密码。单击"连接"按钮,完成连接。

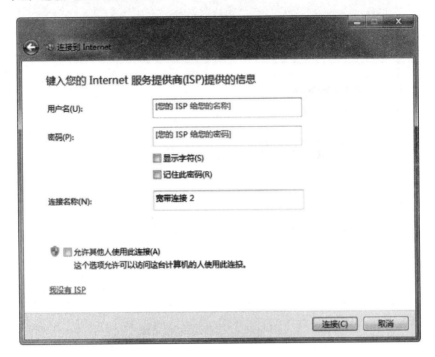

图 6-13 "Internet 账户信息"对话框

任务 2 浏览网页

WWW(World Wide Web)即"环球信息网",或称"万维网",它采用 HTML(超文本标记语言)的文件格式,并遵循超文本传输协议(Hyper Text Transfer Protocol,HTTP)。它最主要的特征就是它有许多超文本链接(Hyper Text Links),通过上面的超文本链接,可以打开新的网页或者新的网站,可以到世界任何网站上调来我们所需要的文本、图像和声音等信息资源。

1. URL

URL(Uniform Resource Locator)即统一资源定位器,它是用来标识 Web 上文档的标准方法,也就是 Web 上可用的每种资源(HTML 文档、图像、视频、声音等)的地址。URL 一般由三部分组成:

(1)访问资源的传输协议。由于不同的网络资源使用不同的传输协议,因此,其 URL 也略有不同。除了前面所说的 HTTP 传输协议之外,常用的还有 FTP 文件传输协议。例如,对于域名为 whut. edu. cn 的服务器,如果我们要浏览这个服务器上面的网站的首页,那么 URL 为 http://www. whut. edu. cn。如果我们要浏览这个服务器上面的 FTP 文件时,其 URL 为 ftp://ftp. whut. edu. cn。

(2)服务器名称。对于 URL 为 http://www. whut. edu. cn 中的 www. whut. edu. cn

就是我们所要访问的网站的服务器名称,其中 www 为所提供的服务名称,而 whut. edu. cn 为其域名。

(3)目录或文件名。在同一个服务器上,可能有很多个目录或文件供访问,为了准确地定位它们,需要明确的标明,例如,要访问 www. nhic. edu. cn 服务器下的 info 目录下面的 news. htm 文件,就要写成 http://www. whut. edu. cn/info/news. htm。

2. 浏览网页

计算机连接到 Internet 之后,就可以通过 Internet Explorer 或者其他浏览器打开网页。双击桌面的 Internet Explorer 图标,启动 IE 浏览器。

(1)浏览网页。要访问一个网页,首先得知道网页地址,即上面所述的 URL,Internet Explorer 的地址栏就是输入 URL 的地方。在地址栏中输入要访问的网页地址,例如,http//www. hao123. com,按"Enter"键,打开对应的网页,如图 6-14 所示。

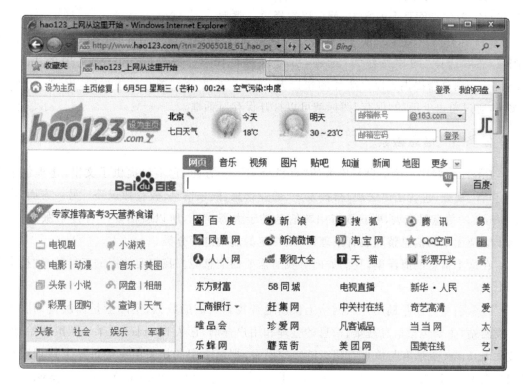

图 6-14 使用 IE 上网

一般情况下,如果采用域名访问网站时,前面的传输协议可以省略,例如,要访问 www. 163. com 的首页,只要在地址栏中输入 www. 163. com 后按下"Enter"键即可,Internet Explorer 会根据该地址的 www 在地址前面自动加上 http://。但是,当使用 IP 来进行访问时,就要自己输入传输协议。

(2)保存网页。通过保存所浏览过的网页,就可以在以后不连接到 Internet 的情况下再浏览它。保存网页的方法与一般的文档保存方法差不多,通过 Internet Explorer 浏览器中的"文件"菜单中的"另存为"选项,调出"保存网页"对话框,就可以保存该网页了,如果需要,就可以对该网页重命名,在"文件名"文本框中输入名称,另外,还可以选择网页保存的类型,有四种网页保存类型供选择,下面分别进行说明:

① 网页,全部(＊.htm;＊html)类型

选择这一类型进行网页保存时,保存该网页的 HTML 文件以及网页上的图片,并且图片文件和 HTML 分开保存。

② Web 档案,单一文件(＊.mht)

选择这一类型对网页进行保存时,该网页将全部保存成一个文件,不再分离图片。

③ 网页,仅 html(＊.htm;＊.html)

选择这一类型对网页进行保存时,只保存该网页的 HTML 文件,其他的不进行保存。

④ 文本文件(＊.txt)

选择这一类型进行保存时,把该网页转换成文本格式,保存成记事本格式的文件类型。如果只需要保存网页上的文本,就可以选择这一类型。

(3)保存网页图片。网页上的图片可以单独进行保存,保存图片时,只要用鼠标右击该图片,然后选择"图片另存为"选项,就可以进行保存。另外,Windows 7 中的 Internet Explorer 浏览器提供了保存图片的快捷方式,当鼠标停留到图片的下面时,出现一个快捷按钮,通过单击上面的"保存"图标就可以打开保存对话框。

任务3　信息检索

Internet 好比一个信息量庞大的"百科全书",一方面,它不仅提供了文字,还提供了图片、声音、视频,包含法律法规、科技发展、商业信息、娱乐信息、教育知识等。另一方面,由于 Internet 的信息量庞大,要获取有用的信息难于大海捞针,所以就需要一种搜索服务,它将网上繁杂无章的信息整理成有条理性,按一定的规则进行分类。

在这个信息的海洋里,我们如何寻找所需要的信息呢? 我们要使用的工具就是"搜索引擎"。

搜索引擎可以帮助用户从网络上快速地查找到所需的数据,实际上是提供查询服务的一类网站,主要包括信息搜集、信息的整理和用户查询,它从 Internet 上某个网页开始,然后搜集 Internet 上所有与该页有超级链接的网页,把网页中的相关信息经过加工处理后存放到数据库中,以便用户查询。主要搜索网站有 Google(google.com)、百度(www.baidu.com)等。

搜索是通过关键词来完成的,关键词就是能表达主要内容的词语。关键词的准确与否决定了搜索结果的有效性和准确度。进行搜索时,打开搜索网站,然后在搜索框内输入需要查询的关键词,然后单击"搜索"按钮即可。如图 6-15 所示,使用百度搜索"幸福中国"的信息。进行搜索时,输入的关键词可以是中文、英文、数字,或者中英文数字的混合体。

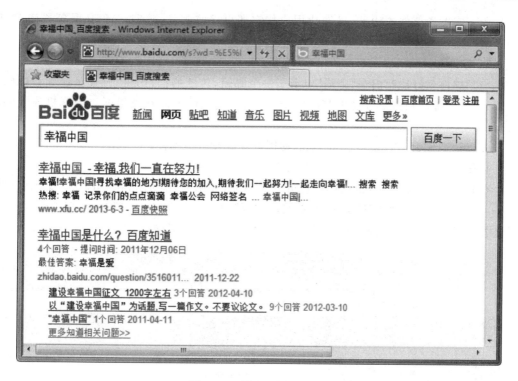

图 6-15 利用百度进行搜索

任务 4 电子邮件

电子邮件(Electronic mail,E-mail)是一种信息的载体,在计算机上编写,通过 Internet 发送和接收,电子邮件已经成为人们日常生活中进行联系的一种通信手段,它具有快速、简便、价廉等特点。多媒体电子邮件不仅可以传送文本信息,而且可以传送声音、视频等多种类型的文件。

1. 电子邮件地址

要把信件送到收信人的手里,信件的地址将起到重要的作用。同样,电子信件的发送也要依靠地址来进行正确地传递。电子邮件地址的结构为:用户名@服务器域名。该地址由符号"@"分开成两部分,左边为用户名,右边为邮箱所在的邮件服务器的域名,例如,在 www.126.com 网站上申请了一个用户名为 zjh1228 的邮箱,那么该电子邮件的地址就为 zjh1228@126.com。

2. 电子邮件服务器

在 Internet 上有很多处理电子邮件的计算机,为用户存储、转发电子邮件,称为邮件服务器。

电子邮件服务器有两种类型,发送邮件服务器(SMTP 服务器)和接收邮件服务器(POP3 服务器)。发送邮件服务器遵循的是简单邮件传输协议(Simple Messing Transfer Protocol,SMTP)协议,其作用是将用户编写的电子邮件转交到收件人手中。接收邮件服务器采用 POP3 协议,用于将其他人发送给用户的电子邮件暂时寄存,直到用户从服务器上将邮件取到本地计算机上。在电子邮件地址"@"后是服务器地址。通常,同一台电子邮件服务器既完成发送邮件的任务,又能让用户从它那里接收邮件,这时 SMTP 服务器和 POP3 服务器的名称是相同的。

3. 写信与收信

电子邮件就好比我们在"邮局"申请了一个邮箱,传统的信件是由邮递员送到我们的家门口,而电子邮件则需要自己去"邮局"查看,只不过我们可以在家里通过计算机连接到该"邮局"。

设邮箱地址为 zjh1228@126.com,使用网页收发电子邮件。

操作方法:

(1) 登录 www.126.com 网站,打开登录界面,如图 6-16 所示,在"用户名"文本框中输入"zjh1228",在右侧"@"后的下拉列表框中选择"126.com",在"密码"文本框中输入密码,单击"登录"按钮,登录邮箱。

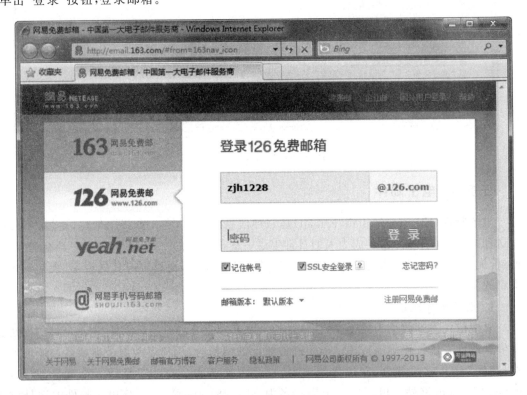

图 6-16　电子邮件登录界面

(2) 邮箱界面由左右两部分构成,左边为导航按钮,右边显示相应的导航内容,如图 6-17 所示。

(3) 收信,单击"收件箱"按钮,右边显示收到的所有电子邮件的列表,选择所要查看的邮件,然后双击,这样,就可以显示该邮件的内容,如果有附件,则可以通过右击该附件的链接地址,在弹出的快捷菜单中选择"目标另存为",把该附件下载到本地计算机上。

(4) 写信,单击"写信"按钮,弹出写信界面,如图 6-18 所示,填写"收件人"邮箱地址,为邮件填写"主题"内容,为邮件添加"附件",再书写邮件正文内容。完成这些之后,单击"发送"按钮,进行发送。

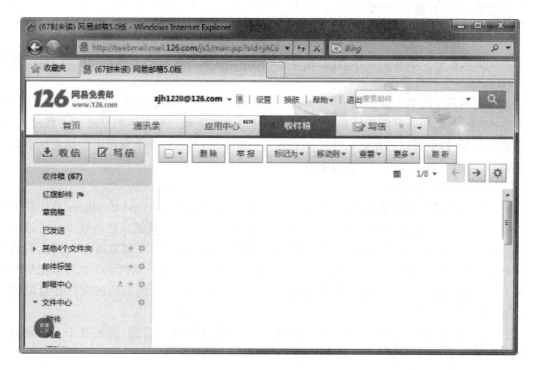

图 6-17 电子邮箱界面

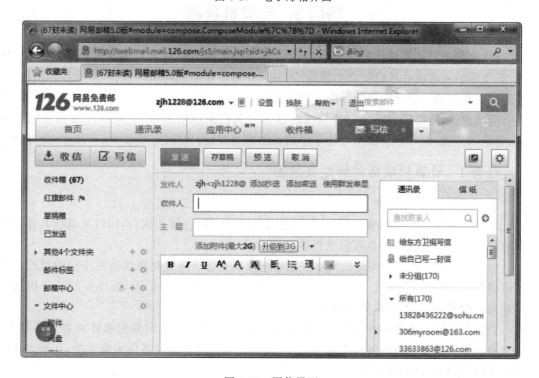

图 6-18 写信界面

任务 5　下载与上传

1. 网页下载

下载文件的方法有很多种,可以直接从网站下载,也可以采用下载软件进行下载,如迅雷、BT、电驴等下载软件。

当在网站上提供下载的地址时,可以通过鼠标直接右击该地址的超链接,并选择"目标另存为"选项,然后就可以选择要保存的目录,进行直接下载。如果本机安装了下载软件,右击该超链接时,也可以选择该软件进行下载。一般来说,下载软件下载的速度比直接下载要快,最好选择下载软件进行文件的下载。

2. FTP 上传和下载

如果要下载的文件是采用 FTP 进行传输的,可以通过在 Internet Explorer 地址栏中输入要下载的 FTP 地址,在"登录"对话框中,输入用户名和密码,或者以匿名登录。通过认证后,就可以链接下载站点,打开 FTP 空间,如同操作"我的电脑",在浏览器中找到我们所要下载的文件,采用"复制","粘贴"操作即可把该文件下载到本地计算机上。也可以把所要上传的文件复制到该空间中,进行复制的过程需要一定的时间。对该空间的文件还可以进行删除、重命名等操作。

使用 IE 浏览器的方式访问 FTP 并不能支持自动文件续传功能,因此对于大批量的文件上传和下载,最好使用 FTP 软件,如 FlashFXP、CuteFTP 等。

项目 3　计算机病毒

在《中华人民共和国计算机信息系统安全保护条例》中,对病毒的定义如下:计算机病毒,是指编制或者在计算机程序中插入的、破坏计算机功能或者毁坏数据、影响计算机使用,并能自我复制的一组计算机指令或者程序代码。

简单地说,计算机病毒是一种特殊的危害计算机系统的程序,它能在计算机系统中驻留、繁殖和传播,它具有类似与生物学中病毒的某些特征:传染性、潜伏性、破坏性、变种性。

任务 1　计算机病毒的特性及危害

1. 计算机病毒的特性

计算机病毒是一种特殊的程序,与其他程序一样可以存储和执行,同时又具有其他程序没有的特性。计算机病毒具有以下特性:

(1)传染性。计算机病毒的传染性是指病毒具有把自身复制到其他程序中的特性。病毒可以附着在程序上,通过 U 盘、光盘、计算机网络等载体进行传染,被传染的计算机又成为病毒新的传染源,不断传染其他计算机。

(2)潜伏性。计算机病毒的潜伏性是指计算机病毒具有依附其他媒体而寄生的能力。计算机病毒可能会长时间潜伏在计算机中,病毒的运行是由触发条件来确定的,在触发条件不满足时,系统一般表现正常。

(3)破坏性。计算机系统被计算机病毒感染后,一旦病毒发作条件满足,就会在计算机上表现出一定的症状。其破坏性包括:占用 CPU 时间;占用内存空间;破坏数据和文件;干扰系统的正常运行。病毒破坏的严重程度取决于病毒制造者的目的和技术水平。

（4）变种性。某些病毒可以在传播的过程中自动改变自己的形态，从而衍生出另一种不同于原版病毒的新病毒，这种新病毒称为病毒变种。有变形能力的病毒能更好地在传播过程中隐蔽自己，使之不易被反病毒程序发现及清除。有的病毒能产生几十种变种病毒。

2. 计算机病毒的危害

在使用计算机时，有时会碰到令人心烦的现象，如计算机无缘无故地重新启动，甚至死机，或者计算机运行缓慢，或者硬盘中的文件或数据丢失等。这些现象有可能是因硬件故障或软件配置不当引起的，但多数情况下是计算机病毒引起的，计算机病毒的危害是多方面的，但一般表现在如下几个方面：

（1）破坏硬盘的主引导扇区，使计算机无法启动。

（2）破坏文件中的数据，删除文件。

（3）产生垃圾文件，占据磁盘空间，使磁盘空间减少。

（4）占用 CPU 运行时间，使计算机运行缓慢。

（5）破坏屏幕正常显示，破坏键盘输入程序，干扰用户操作。

（6）破坏计算机网络中的资源，使网络系统瘫痪。

（7）破坏系统设置或对系统信息加密，使用户系统紊乱。

任务2 计算机病毒的结构

由于计算机病毒是一种特殊程序，因此，病毒程序的结构决定了病毒的传染能力和破坏能力。计算机病毒程序主要包括三大模块：一是传染模块，是病毒程序的一个重要组成部分，它负责病毒的传染和扩散；二是表现模块或破坏模块，是病毒程序中最关键的部分，它负责病毒的破坏工作；三是触发模块，病毒的触发条件是预先由病毒编写者设置的，触发程序判断触发条件是否满足，并根据判断结果来控制病毒的传染和破坏动作。触发条件一般由日期、时间、某个特定程序、传染次数等多种形式组成。

任务3 计算机病毒的传播及预防

1. 计算机病毒的传播

计算机病毒之所以称之为病毒是因为其具有传染性的本质。传统渠道通常有以下几种：

（1）U 盘、移动硬盘。通过使用外界被感染 U 盘、移动硬盘，例如，来历不明的软件、游戏盘等是最普遍的传染途径。由于使用带有病毒的 U 盘、移动硬盘使计算机感染病毒，并成为新的传染源，加快病毒的传播。

（2）光盘。因为光盘容量大，存储了大量的可执行文件，有些病毒就有可能藏身于光盘，对只读式光盘，不能进行写操作，因此光盘上的病毒不能清除。在以谋利为目的非法盗版软件的制作过程中，不可能为病毒防护担负专门责任，也决不会有真正可靠可行的技术保障避免病毒的传入、传染、流行和扩散。当前，盗版光盘的泛滥给病毒的传播带来了极大的便利。

（3）网络。这种传染扩散极快，能在很短的时间内传遍网络上的计算机。

随着 Internet 的普及，给病毒的传播又增加了新的途径，它的发展使病毒可能成为灾难,病毒的传播更迅速,反病毒的任务更加艰巨。Internet 带来两种不同的安全威胁,一种威胁来自文件下载,这些被浏览的或是被下载的文件可能存在病毒;另一种威胁来自电子邮件。大多数 Internet 邮件系统提供了在网络间传送附带格式化文档邮件的功能,因此,遭受病毒的文档或文件就可能通过网关和邮件服务器涌入企业网络。网络使用的简易性和开放性使得这种威胁越来越严重。

2. 计算机病毒的预防

计算机病毒与反病毒是两种以软件编程技术为基础的技术,它们的发展是交替进行的,因此,对计算机病毒应以预防为主,防止病毒的入侵要比病毒入侵后再去发现和排除的损失少得多,同时,定期做好重要数据的备份。注意:预防与消除病毒是一项长期的工作任务,不是一劳永逸的,应坚持不懈。

预防的主要措施是加强操作系统的防范功能和阻断传染途径。

(1) 操作系统防范。利用正版 Windows,不断及时更新;堵塞操作系统的漏洞。同时关闭不必要的共享资源,留意病毒和安全警告信息。

(2) 反病毒软件防范。如果是第一次启动反病毒软件,最好让它扫描整个系统。通常,反病毒程序都能够设置成在计算机每次启动时扫描系统或者在定期计划的基础上运行。

安装了病毒防护软件,应确保即时更新。优秀的反病毒程序具有通过互联网自动更新的功能,并且只要软件厂商发现了一种新的威胁病毒,就会添加病毒库中。

(3) 电子邮件防范。

① 慎重执行附件中的 EXE 和 COM 等可执行文件。

这些附件文件有可能带有计算机病毒或黑客程序,运行后很可能带来不可预测的结果。对于认识的朋友和陌生人发来的电子邮件中的可执行程序附件必须仔细检查,确定无毒后方可使用。

② 慎重打开附件中的文档文件。

对方发送过来的电子邮件件中的附件文档,首先保存到本地硬盘,用反病毒软件检查无毒后才可以打开使用。如果未经检查就直接用鼠标双击 DOC、XLS 等附件文档,会自动启动 Word 或 Excel,到时如果附件中有计算机病毒则会立刻传染;打开文档时如果有"是否启用宏"的提示,不要轻易打开,否则极有可能传染上宏病毒。

③ 不直接运行特殊附件。

对于文件扩展名比较特殊的附件,或者是带有脚本文件如 *.VBS、*.SHS 等附件,不要直接打开,一般可以删除包含这些附件的电子邮件,以保证计算机系统不受计算机病毒的侵害。

④ 对收发邮件的设置。

如果使用 Outlook 作为收发电子邮件的软件,应当进行一些必要的设置。执行"工具"→"选项"命令,在"安全"中设置"附件的安全性"为"高",在"其他"中单击"高级选项"按钮,单击"加载项管理器"按钮,不选中"服务器脚本运行"。最后单击"确定"按钮保存设置。

(4) U 盘病毒防范。U 盘病毒又称 Autorun 病毒,是通过 AutoRun.inf 文件使对方所有的硬盘完全共享或中木马病毒,随着 U 盘、移动硬盘和存储卡等移动存储设备的普及,U 盘病毒也随之泛滥起来。最近国家计算机病毒处理中心发布公告称 U 盘已成为病毒和恶意木马程序传播的主要途径。防范措施主要是尽量不要在情况未明的计算机上使用 U 盘,使用写保护,或安装 U 盘病毒专杀工具,如 USBCleaner。

模块 7　多媒体技术

本模块学习的主要内容有多媒体基础知识、多媒体组成要素。

项目 1　多媒体基础

多媒体技术是一门综合技术,它集声音、文字和图像于一体,已渗透到社会的各个领域,在工业、农业、教育、卫生、交通、军事等方面获得广泛的应用,并且与 Internet 结合,使计算机的使用进入到丰富多彩的世界,掌握多媒体技术将对用户的生活、工作和学习环境带来巨大的变化。

任务 1　多媒体特性

多媒体(Multimedia)可简单地理解为:一种以交互方式将文本、图形、图像、音频、视频等多种媒体信息,经过计算机设备的获取、操作、编辑、存储等综合处理后,以单独或合成的形态表现出来的技术和方法。特别是它将图形、图像和声音结合起来表达客观事物,在方式上非常生动、直观,易被人们接受。

人们熟悉的报纸、杂志、电影、电视、广播等,都是以它们各自的媒体进行信息传播。有些是以文字作媒体,有些是以声音作媒体,有些是以图像作媒体,有些是以图、文、声、像作媒体。以电视为例,虽然它也是以图、文、声、像作媒体,但它与多媒体系统存在明显的区别:第一,电视观赏的全过程均是被动的,而多媒体系统为用户提供了交互特性,极大地调动了人的积极性和主动性;第二,人们过去熟悉的图、文、声、像等媒体几乎都是以模拟量进行存储和传播的,而多媒体是以数字量的形式进行存储和传播的。

多媒体的特性如下:

(1)多样性。以往的计算机中只能处理字符和图形,而在多媒体计算机中,不但可以处理字符、图形,还可以处理声音、图像等多种媒体。

(2)集成性。多媒体技术的集成性是指将多媒体有机地组织在一起,并建立起不同媒体之间的联系,做到图、文、声、像一体化。

(3)交互性。多媒体技术的交互性是指除了播放以外,还可通过人与计算机之间的“对话”进行人工干预,也就是说人们可通过软件系统的支持,对多媒体进行控制。

(4)实时性。多媒体技术处理的信息和时间密切相关,必须实时处理,比如新闻报道等,需及时采集、处理和传送。

(5)易扩充性。多媒体计算机可方便地与各种外部设备挂接,实现数据交换、监视控制等多种功能。此外,采用数字化信息有效地解决了数据在处理传输过程中的失真问题。

任务 2　多媒体技术

多媒体技术涉及面相当广泛,主要有如下四种。

1. 音频技术

音频技术发展较早,一些技术已经成熟并产品化,例如数字音响已经进入寻常百姓家。音频技术主要包括音频数字化、语音处理、语音合成和语音识别。音频数字化目前是较为成熟的技术,多媒体声卡就是采用这种技术设计的。在这种技术的支持下,数字音响一改传统的模拟方式而达到了理想的音响效果。将正文合成语言的语言合成技术已达到实用阶段。难度最大的尚属语音识别,现在也有一些产品问世,相信在不久的将来会取得更大的突破和进展。

2. 视频技术

虽然视频技术发展时间不长,但其产品应用范围已经很广大。视频技术包括视频数字化和视频编码。视频数字化是将模拟视频信号经模/数转换变换为计算机可处理的数字信号。视频数字化后色彩、清晰度及稳定性都有了明显的提高。视频编码技术是将数字化的视频信号经过编码成为电视信号,从而可以录到录像带中或在电视上播放。对于不同的应用环境有不同的技术可供采用,从低档的游戏机到电视台广播级的编码技术都已成熟。

3. 数据压缩技术

视频和音频信号数字化后数据量大,同时传输速度要求高,如一幅 640×480 中等分辨率的彩色图像(每个像素 24 b)数据量约为 7.37 MB/帧,如果是运动图像,要以每秒 30 帧或 25 帧的速度播放时,则视频信号传输速率为 220 Mbit/s。如果存在 600 MB 的光盘中,只能播放 8 秒。目前微机的速度还无法满足要求,因此,数据的压缩是必要的。

压缩技术一直是多媒体技术的热点之一,在多媒体中数据的压缩主要是指图像(视频)和音频的压缩,是计算机处理图像和视频以及网络传输的重要基础。图像压缩技术包括基于空间线形预测(DPCM)技术的无失真编码和基于离散余弦变换(DCT)与哈夫曼编码的有失真算法。前者虽无失真,但压缩比不大;后者虽有失真,但压缩超过 20 倍时,人眼视力就再不能分辨出是否失真了。

目前主要有三大编码和压缩标准。一是 JPEG(Joint Photographic Experts Group)标准,该标准是第一个图像压缩国际标准,主要是针对静止图像的;二是 MPEG(Moving Picture Experts Group)标准,这个标准实际上是数字电视标准,是针对全动态影像的;三是 H.26 标准,这是 CCITT 专家组为可视电话和电视会议而制定的标准,是关于视像和声音的双向标准。

4. 网络传输技术

由于压缩技术及相应产品的推出,为多媒体信息网络传输提供了基本条件。电话网的传输速度较慢,但图像压缩技术可使电话网传输图像成为可能。目前,在 9600 波特率电话网上已经实现了每秒一帧的小窗口视频图像的传输。就当前技术水平而言,在 IS-DN 网(综合业务数字网)上实现可视电话和电视会议系统,通常可以达到每秒 10～15 帧的效果。

随着通信技术的不断发展,因特网和其他数据通信网的传输速度会不断地提高,再结合压缩技术,市场已经推出了远程图像传输系统、远程教育、远程医疗、动态视频传输系统、可视电话、电视会议、家用CD(光盘)等,所有这些技术和产品的发展都将对21世纪的社会进步产生重大影响。

任务3 多媒体应用

随着多媒体技术的不断发展,计算机已成为越来越多人朝夕相处的伙伴,成为许多人的良师益友。作为人类进行信息交流的一种新的载体,多媒体正在给人类日常的工作、学习和生活带来日益显著的变化。

目前,多媒体应用领域正在不断拓宽。在文化教育、技术培训、电子图书、观光旅游、商业及家庭应用等方面,已经出现了不少深受人们喜爱的以多媒体技术为核心的多媒体电子出版物,它们以图片、动画、视频片段、音乐及解说等易接受的媒体素材将所反映的内容生动地展现给广大读者。

1. 教育和培训

教育和培训可以说是最需要多媒体的场合。带有声音、音乐和动画的多媒体软件,不仅更能吸引学生的注意力,也使他们如同身临其境。它可将过去的知识、别人的感受,变成像自己的亲身经历一样来学习,也使得抽象和不好理解的基本概念,转变为具体和生动的图片来解释,极大地改善了人们的学习环境,提高了学习效率。

当多媒体技术与网络技术相结合时,可将传统的以校园教育为主的教育模式,变为以家庭教育为主的教育模型,更能体现和适应现代社会发展的教育新方式,使得教育和培训完全有意义地走向家庭。这种新的受教育模式,使被教育者不仅能学到图、文、声并茂的新知识、新信息,也可在家跨越时间和国界,学到国际上各种最新知识。

2. 商业和出版业

在商业领域,多媒体为扩大销售范围提供了多种手段。商场的电子触摸屏可以为顾客提供各种商品的销售情况。而在建筑领域,多媒体将建筑师的设计方案变成了完整的模型。

利用多媒体,出版商将一些历史人物、文学传记、剧情评论以及采访录像等信息,存入电子出版物中发行,使得用户能够方便地阅读和剪贴其中的内容,将它们排版到报纸、杂志或文章中。利用这种方法在网上进行宣传,可使某个人物或某著作,更能引起公众的瞩目。

3. 服务业

以多媒体为主体的综合医疗信息系统,已经使医生远在千里就可为病人看病,病人不仅可身临其境地接受医生的询问和诊断,还可从计算机中及时地得到处方。因此,不管医生身处何方,只要家中的多媒体已与网络相连,人们在家就可从医生那里得到健康教育和医疗等指导。

在家居设计与装潢业,房地产公司使用多媒体,不仅可以展现整个居室的平面结构,还可把购房人带到"现场",让他们"身临其境"地看到整幢房屋的室外和室内情况。

在观光旅游方面,多媒体光盘使人们足不出户就能够"置身"于自己心中向往的旅游胜地,轻轻松松地去"周游"整个世界,并从中感受各地的风土人情。例如,清华大学出版社出版的《颐和园》,即是一个利用多媒体技术设计制作的反映颐和园全貌的电子产品。

4.家庭娱乐

以游戏软件为代表的一类多媒体电子产品增添了家庭娱乐的新型项目,使家庭生活更加充实、丰富多彩。

在家里人们可以自行制作出工作和家庭生活的多媒体记事簿,将工作经历、值得留念的事件等记录下来,以供他人欣赏和借鉴。

5.多媒体通信

采用多媒体视听会议,同时进行数据、语音、有线电视等信号的传输,不仅使与会者共享图像和声音信息,也共享存储在计算机内的有用数据。特别是对于已在网络上的每个与会者,他们都可通过计算机的窗口建立互动,通报和传递各种多媒体信息。

多媒体技术的产生赋予计算机新的含义,它标志着计算机已融入我们生活的各个方面,使我们的生活丰富多彩。

项目2　多媒体系统

任务1　多媒体系统组成

多媒体系统是指能够提供交互式处理文本、声音、图像和视频等多种媒体信息的计算机系统,由多媒体硬件系统、多媒体操作系统、媒体处理系统工具和用户应用软件4个部分组成。

(1)多媒体硬件系统。多媒体硬件系统包括计算机硬件、声音/视频处理器、多种媒体输入/输出设备及信号转换装置、通信传输设备及接口装置等。其中,最重要的是根据多媒体技术标准而研制成的多媒体信息处理芯片和板卡、光盘驱动器等。

(2)多媒体操作系统。多媒体操作系统或称为多媒体核心系统(Multimedia kernel system),具有实时任务调度、多媒体数据转换和同步控制、对多媒体设备的驱动和控制以及图形用户界面管理等。

(3)媒体处理系统工具。媒体处理系统工具或称为多媒体系统开发工具软件,是多媒体系统重要的组成部分。

(4)用户应用软件。用户应用软件是根据多媒体系统终端用户要求而研制的应用软件和面向某一领域的用户应用软件系统,它是面向大规模用户的软件产品。

任务2　多媒体要素

从多媒体技术来看,多媒体是由文本、图形和图像、动画、视频和音频等基本要素组成。每一种要素都有严谨而规范的数据描述,其数据描述的逻辑表现形式是文件,以文件的形式存储数据。

1.文本

文本是以文字和各种专用符号表示的信息形式,它是现实生活中使用得最多的一种信息存储和传递方式,是人与计算机之间进行信息交换的主要媒体。它主要用于对知识的描述性表示。

文本文件分为非格式化文本文件和格式化文本文件,非格式化文本只有文本信息没有其他任何有关格式信息的文本,又称为纯文本文件,如".TXT"文件。格式化文本文件是带有各种排版信息等格式的文本文件,如".DOC"文件。

2. 图形和图像

多媒体中的图形和图像可以使人物画、景物照或者其他形式的图案,用它们来表达一个问题要比文字更具直观性,也更有吸引力。比如,用图案去介绍一个自然景观,就不会像文字说明那样,给人一种呆板和缺乏想象力的感觉。

图形是指用计算机绘制工具绘制的画面,如直线、圆、矩形等。图形的格式是一组描述点、线、面等几何图形的大小、形状及其位置、维数的指令集合,图形一般按各个成分的参数存储,可以对各个参数单独进行操作,如进行移动、缩放、旋转、扭曲等变换。

图像是由输入设备捕捉的实际场景或以数字化形式存储的任意画面。有矢量图与位图之分。位图以像素点为基准,存储每个点的参数,如位置、颜色、强度等信息。

常见的图形和图像的文件格式有:

(1) BMP 文件格式。BMP 是 Windows 中的标准图像文件格式,是最简单、最常见的一种静态文件格式,有压缩和非压缩两种形式。可用非压缩文件格式存储图像数据,解码速度快,支持多种图像的存储,常见的各种 PC 图形图像软件都能对其进行处理。

(2) WMF 文件格式。WMF 图像文件是 Micrsoft 公司为其 Windows 环境提供的有别于 BMP 文件的另一种文件格式。WMF 文件格式是以向量格式存储的,它的全称为 Windows Meta File,即 Windows 元文件,WMF 文件的扩展名为".wmf",具有文件短小、图案造型化的特点,整个图形内容常由各独立组成部分拼接而成。WMF 图像文件比 BMP 图像文件所占用的空间小得多,同时由于它是矢量图形文件,可以很方便地进行缩放、变形等操作。随着 Windows 系统的市场占有率不断扩大,基于 Windows 系统的应用软件也越来越多,同时由于 WMF 格式本身的优点,使得 WMF 图像文件越来越受欢迎和普及。

(3) PNG 文件格式。PNG 是一种能存储位信息的位图文件格式,其图像质量远胜过 GIF。PNG 也使用无损压缩方式来减少文件的大小。目前,越来越多的软件开始支持这一格式。PNG 图像可以是灰阶的(位)或彩色的(位)。与 GIF 不同的是,PNG 图像格式不支持动画。

(4) JPG/JPEG 文件格式。JPG/JPEG 是 24 位图像文件格式,也是一种高效率的压缩格式,是面向连续色调静止图像的一种压缩标准。由于其高效的压缩效率和标准化要求,目前已广泛用于彩色传真、静止图像、电话会议、印刷及新闻图片的传送上。

3. 动画

动画是活动的画面,实质是一幅幅静态图像的连续播放。当多幅连续的图像以每秒 25 帧的速度均匀地播放,人们就会感到这是一幅真实的活动图像。动画的连续播放既指时间上的连续,也指图像内容上的连续。其画面是由软件制作的,如卡通片,通常将这种图像文件称为动画文件。

常见的动画文件有以下两种：

（1）GIF 文件。GIF 是图形交换格式（Graphics Interchange Format）的英文缩写，主要用于图像文件的网络传输，扩展名为".gif"。GIF 图像文件的尺寸通常比其他图像文件小好几倍，这种图像格式得到了广泛的应用，目前 Internet 上大量采用的彩色动画文件多为这种格式的文件。

（2）SWF 文件格式。SWF 是用 Flash 制作的一种动画文件格式，源文件的扩展名为".fla"，SWF 动画文件既可以独立播放，也可以嵌入网页、Office 文档进行播放，在网络中发挥越来越大的作用。

4．视频

视频是由一幅幅单独的画面序列组成，这些画面以一定的速度连续地投射在屏幕上，使观察者有图像连续运动的感觉，其画面是自然景物或实际人物的真实图像，如影视作品，通常将这种动态图像文件称为视频文件。

常见的视频文件类型有 AVI、MOV、MPG、DAT 等。

（1）AVI 视频文件。AVI 是音频视频交互（Audio Video Interleaved）的英文缩写，AVI 文件格式只是作为控制界面上的标准，不具有兼容性，用不同压缩算法生成的 AVI 文件，必须使用相应的解压算法才能播放出来。AVI 文件目前主要应用在媒体光盘上，用来保存电影、电视的各种影像信息，有时也出现在 Internet 上，供用户下载、欣赏影片的精彩片断。

（2）MPEG/MPG/DAT 视频文件。MPEG/MPG/DAT 文件格式是运动图像压缩算法的国际标准，它采用有损压缩方法减少运动图像中的冗余信息，同时保证每秒 30 帧的图像动态刷新率，几乎被所有的计算机平台共同支持。MPEG 标准包括 MPEG 视频、MPEG 音频和 MPEG 系统三个部分，MP3 音频文件就是 MPEG 音频的一个典型应用，而 CD、VCD、DVD 则是全面采用 MPEG 技术所产生出来的新型消费类电子产品。MPEG 的平均压缩比为 50∶1，最高可达 200∶1，压缩效率非常高，同时图像和音响的质量也非常好，并且在微机上有统一的标准格式，兼容性相当好。

（3）ASF 视频文件。ASF 视频文件是一个独立于编码方式的在 Internet 上实时传播多媒体的技术标准。

5．音频

现实世界中的各种声音必须转换成数字信号并经过压缩编码，计算机才能接收和处理。这种数字化的声音信息以文件形式保存，即通常所说的音频文件或声音文件。

（1）WAVE 文件格式。WAVE 文件应用计算机通过声卡对自然界里的真实声音进行采样编码，形成 WAVE 格式的声音文件，它记录的就是数字化的声波，所以也称波形文件。只要计算机中安装了声卡，就可以利用声卡录音。计算机不仅能通过麦克风录音，还能通过声卡上的 Line－in 插孔录下电视机、广播、收音机以及放像机里的声音，另外，也能把计算机里播放的 CD、MIDI 音乐和 VCD 影碟的配音录制下来。

（2）MIDI 文件格式。MIDI 文件是在音乐合成器、乐器和计算机之间交换音乐信息的一种标准协议。MIDI 文件就是一种能够发出音乐指令的数字代码。与 WAVE 文件不同，它记录的不是各种乐器的声音，而是 MIDI 合成器发音的音调、音量、音长等信息。所以

MIDI 总是和音乐联系在一起,它是一种数字式乐曲。

（3）MP3 文件格式。MPEG 音频文件的压缩是一种有损压缩,根据压缩质量和编码复杂程度的不同可分为三层,分别对应 MP1、MP2 和 MP3 这三种声音文件。MPEG 音频编码具有很高的压缩率,MP1 和 MP2 的压缩率分别是 4∶1 和 6∶1～8∶1,而 MP3 的压缩率则高达 10∶1～12∶1,也就是说一分钟 CD 音质的音乐,未经压缩需要 10MB 存储空间,而经过 MP3 压缩编码后只有 1MB 左右,同时其音质基本保持不失真,因此,目前使用最多的是 MP3 文件格式。

（4）WMA 文件格式。WMA(Windows Media Audio)是继 MP3 后最受欢迎的音乐格式,在压缩比和音质方面都超过了 MP3,能在较低的采样频率下产生好的音质。WMA 有微软的 Windows Media Player 做后盾,目前网上的许多音乐纷纷转向 WMA 文件格式。

参 考 文 献

［1］周俊华.计算机文化基础.北京:经济管理出版社,2009.

［2］陈丹儿,应玉龙.计算机应用基础项目化教程.北京:清华大学出版社,2010.

［3］耿国华.大学计算机应用基础.北京:清华大学出版社,2010.

［4］周贵华.计算机文化基础项目化教程.北京:冶金工业出版社,2015.